Siphesihle Brian Nkosi

Desafios e pontos fortes da atual eficiência energética industrial

Siphesihle Brian Nkosi

Desafios e pontos fortes da atual eficiência energética industrial

Gestão da eficiência energética nas indústrias de vapor

ScienciaScripts

Imprint
Any brand names and product names mentioned in this book are subject to trademark, brand or patent protection and are trademarks or registered trademarks of their respective holders. The use of brand names, product names, common names, trade names, product descriptions etc. even without a particular marking in this work is in no way to be construed to mean that such names may be regarded as unrestricted in respect of trademark and brand protection legislation and could thus be used by anyone.

Cover image: www.ingimage.com

This book is a translation from the original published under ISBN 978-620-2-07744-6.

Publisher:
Sciencia Scripts
is a trademark of
Dodo Books Indian Ocean Ltd. and OmniScriptum S.R.L publishing group

120 High Road, East Finchley, London, N2 9ED, United Kingdom
Str. Armeneasca 28/1, office 1, Chisinau MD-2012, Republic of Moldova, Europe
Printed at: see last page
ISBN: 978-620-7-95747-7

Conteúdo

RESUMO

O objetivo deste estudo é alcançar um maior rendimento através da análise da atual forma de coordenar os esforços das Indústrias de Vapor para alcançar um desenvolvimento industrial sustentável, utilizando a fonte de energia de forma eficiente e eficaz. Para além disso, o estudo analisa os obstáculos que impedem e os que levam à utilização máxima das medidas de gestão de energia, e também destaca os efeitos da implementação de fontes de energia baratas disponíveis.

Isto foi realizado, em parte, devido à complexidade do tema e foi conseguido através de entrevistas aos participantes em sessões ou segmentos. No segmento de abertura, foi pedido aos participantes que destacassem os planos de eficácia dos gestores das respectivas empresas para concretizar o desejado. No segundo segmento, os participantes foram convidados a responder a perguntas que abrangiam praticamente todos os aspectos do estudo.

O estudo revelou que a energia é mal gerida nas indústrias de vapor e que a utilização da energia não é maximizada ou totalmente utilizada devido à má gestão e à falta de conhecimentos. Outra deteção foi a falta de medidas governamentais estruturadas e estratégicas para implementar e motivar a utilização eficaz da energia.

A utilização eficaz e racional da energia disponível pelas indústrias de vapor na África do Sul é um fator-chave para o desenvolvimento industrial sustentável. A utilização de estratégias de gestão da eficiência energética contribuiu para o aumento da economia e para a melhoria da proteção do ambiente no sector industrial. A adoção lenta de programas de poupança de energia e de gestão eficaz em termos de custos está a ter um impacto negativo nos benefícios para as indústrias de vapor na África do Sul

Em conclusão, o estudo conclui que a economia pode ser impulsionada através da implementação de programas de gestão da eficiência energética e amigos do ambiente. Estes programas permitirão igualmente estabilizar o impacto negativo do aumento dos preços da energia.

Lista de abreviaturas

DoE:	Department of Energy
CSP:	Concentrating Solar Photo
PV:	Voltaic Plant
NERSA:	National Energy Regulator of South Africa
EnEM:	Energy Efficiency Management
PDCA:	(Plan, Do, Check, Act)
CO_2:	Carbon Dioxide
EPA:	Environmental Policy Agency
M & T:	Monitoring and Targeting
WACC:	Weighted Average Cost of Capital
NES:	National Electrification Scheme
CDM:	Clean Development Mechanism
EMS:	Environmental Management System
SEMS:	Steam Energy Management System

Capítulo 1

Introdução e antecedentes

1.1 Introdução

A energia é inseparável da matéria. Todos os fenómenos materiais estão associados à energia. A energia é, por conseguinte, essencial à vida e a qualidade da energia consumida per capita pode ser utilizada como um indicador do nível de desenvolvimento de um país. No passado, esta questão não era considerada, mas hoje em dia está a ser incluída nas actividades de gestão da eficiência energética. A oferta e a procura de energia devem ser tratadas com uma abordagem macroeconómica e microeconómica. Existem diferentes aspectos no planeamento da procura de energia, quer se trate de um país, de uma fábrica ou de um agregado familiar, mas cada um deles deve ser investigado individualmente, dadas as caraterísticas particulares envolvidas (Sorrel et al, 2004).

A gestão da eficiência energética é, por definição, a utilização mais económica e eficiente da energia (Handschin & Petroianu 2005). O termo Gestão da Eficiência Energética é relativamente novo e é um sinal do nosso tempo (Murphy & McKay 2007). Até há pouco tempo, a utilização eficiente da energia em todas as suas formas era da responsabilidade tácita de muitas pessoas numa organização. Atualmente, em muitas empresas, a responsabilidade pela gestão global da energia e dos seus contextos mais amplos está formalmente centrada no Gestor de Energia. É dever do Gestor de Energia otimizar a utilização de energia não só em equipamentos individuais, mas também dentro dos limites totais da sua área específica (Smith, 2009). Se esta área for um exportador ou importador líquido de energia, ele terá de olhar para além dos horizontes da sua própria área para investigar a otimização da energia a nível da empresa ou mesmo entre empresas. Assim, um fluxo de efluentes quentes de uma área adjacente pode ser aproveitado para fornecer aquecimento ao processo, à fábrica ou ao escritório. Os gases de combustão quentes, o excesso de vapor ou o condensado de uma empresa vizinha podem ser utilizados com vantagem.

A gestão da eficiência energética é um assunto prático e quantitativo, cuja essência é a identificação, definição e solução de problemas e o planeamento futuro. Na nossa opinião, a definição de gestão da eficiência energética inclui, mas vai além da gestão e otimização dos processos existentes. Embora a economia de energia tenha sido considerada na fase de conceção dos projectos durante algum tempo, é provável que haja agora um esforço crescente para desenvolver rotas e tecnologias de processo alternativas que sejam menos intensivas em energia e menos dispendiosas em geral, à medida que os preços da energia aumentam (Murphy & McKay, 2007). Por conseguinte, é provável que os gestores de energia se envolvam cada vez mais nas fases de conceção e de desenho dos projectos.

Para ser realmente eficaz, o gestor de energia necessita de uma formação em engenharia, visão, imaginação, engenho, experiência e bom senso. Os actuais gestores de energia não terão tido uma formação específica no tema interdisciplinar da gestão da eficiência energética; os cursos não existiam nos seus tempos de estudante. No entanto, muitos terão sido formados como engenheiros, cientistas ou tecnólogos e nos seus respectivos cursos terão sido expostos, em maior ou menor grau, a uma série de disciplinas que são fundamentais para a gestão da eficiência energética.

Os dias de reservas ilimitadas de energia fóssil já passaram. Não só as actuais reservas de energia se esgotam, como a exploração de novas fontes se tornou extremamente dispendiosa. O objetivo é apresentar as considerações básicas para um Programa de Gestão de Energia Industrial eficaz, de modo a que qualquer equipa de gestão de eficiência energética possa compreender claramente os métodos para reduzir o consumo de energia.

A mensagem é dirigida ao executivo responsável que deseja planear, encorajar ativamente e utilizar técnicas de eficiência energética. A conservação de energia ao nível do utilizador individual representa uma oportunidade para diminuir os gastos de energia e reduzir as despesas de funcionamento, ao mesmo tempo que se fazem esforços para preservar os nossos recursos que se esgotam rapidamente.

Chegou o momento em que devem ser instituídos programas de ação de gestão da eficiência energética, para evitar que acabem por ser forçados a programas de funcionamento normal. A escalada dos custos da energia está a pressionar os orçamentos de gestão. No entanto, uma gestão esclarecida através de programas sólidos de gestão da eficiência energética pode aliviar o impacto dos inevitáveis problemas orçamentais.

É imperativo que a gestão atual, utilizando todos os recursos disponíveis, esteja preparada para enfrentar os problemas de escassez de energia e os custos decorrentes (Harvey 2010). Os gestores podem agir agora ou esperar para serem forçados a reagir.

1.2 Antecedentes

A espinha dorsal da economia do país é a extração e o processamento de minerais. Até à data, estima-se que 93% da energia da África do Sul seja produzida em centrais eléctricas alimentadas a carvão, 5% em centrais nucleares e hidroeléctricas e 2% em centrais de armazenamento por bombagem e turbinas a gás. (Ministério dos Minerais e da Energia da África do Sul, 2010). As estatísticas actuais indicam que a África do Sul está atrasada na implementação de sistemas de gestão da eficiência energética.

Tem havido frustrações na progressão da economia, o que tem sido atribuído principalmente à falta de visão e de know-how na implementação de um sistema de gestão eficiente e preparado, tanto no sector industrial como no sector mineiro.

Em maio de 2004, o governo definiu a política nacional para o sistema de gestão da energia. A Eskom estabeleceu um objetivo de 10 000 GWh de energia renovável por ano até 2013, que, por sua vez, distribuiria cerca de 400MW de capacidade instalada de energia eólica, solar concentrada (CSP) e/ou solar fotovoltaica (PV). Inicialmente, a Eskom investigou os projectos eólicos e CSP, mas nunca chegou a uma conclusão tangível devido a deficiências na política e em todas as formalidades legais. Por conseguinte, parece agora difícil atingir os objectivos fixados (Ministério dos Minerais e da Energia da África do Sul, 2010).

No entanto, nos últimos anos, o Departamento de Energia (DoE) e a Entidade Reguladora Nacional da Energia da África do Sul (NERSA) têm-se empenhado em obter resultados e promulgações do sistema de gestão da energia, a fim de prosseguir, desenvolver e implementar os projectos do sistema de gestão da energia e um sector de gestão da energia sustentável na África do Sul para atingir os objectivos estabelecidos (Ministério dos Minerais e da Energia da África do Sul, 2010).

A biomassa é o recurso energético dominante na África do Sul em termos de dotação e consumo. Cerca de 8 toneladas métricas secas por ano de biomassa lenhosa que, por sua vez, produzem uma energia bruta de 13,5 milhões de quilo-joules por metro cúbico, o que, no entanto, excede cerca de 33 litros de gasóleo mais o custo do corte, recolha e transporte da madeira para uma central eléctrica. O rácio de produção de energia por entrada de um sistema de biomassa lenhosa é calculado em 1:22 (Caffal 2006).

Produzir lkWh de eletricidade a partir da biomassa lenhosa custa cerca de R0,53, o que é inferior a outros sistemas de produção de eletricidade que, em média, custam cerca de R0,74 na África do Sul. A Comissão de Energia da África do Sul revela que 3kWh de energia térmica produzem lkWh de eletricidade, o que dá um rácio de 1:7

Estatisticamente, as turbinas a vapor com uma capacidade superior a 500 kW produzem grande parte da eletricidade comercial produzida a partir do vapor. Em pouco tempo, estas turbinas estão a funcionar com uma eficiência de 30% e podem produzir uma energia de 1,3 milhões de kWh por ano. Por conseguinte, um investimento de capital de R5 milhões para uma turbina de 500kW de capacidade com uma eficiência de 30% produzirá um rácio de produção por entrada de 1:4 durante um período de 30 anos de funcionamento e o custo anual de funcionamento será de R500.000. O custo estimado da eletricidade produzida é de R0,74 por kWh (Comissão de Energia da África do Sul, 2010b).

1.2.1 Utilização de energia nas indústrias de vapor na África do Sul

Dependendo da dimensão e das variáveis da Indústria do Vapor, o custo da energia e dos serviços públicos consome entre 3% e 8% do orçamento geral de uma Indústria do Vapor. A Indústria do Vapor consome muita energia térmica e eléctrica. A energia térmica é utilizada para aquecer a água na casa das caldeiras e nas turbinas a vapor. O processo do sistema de vapor é tipicamente o maior consumidor de energia eléctrica, mas a casa das caldeiras, as turbinas e a estação de tratamento de águas residuais podem ser responsáveis por uma procura substancial de eletricidade (Johansson, 2011).

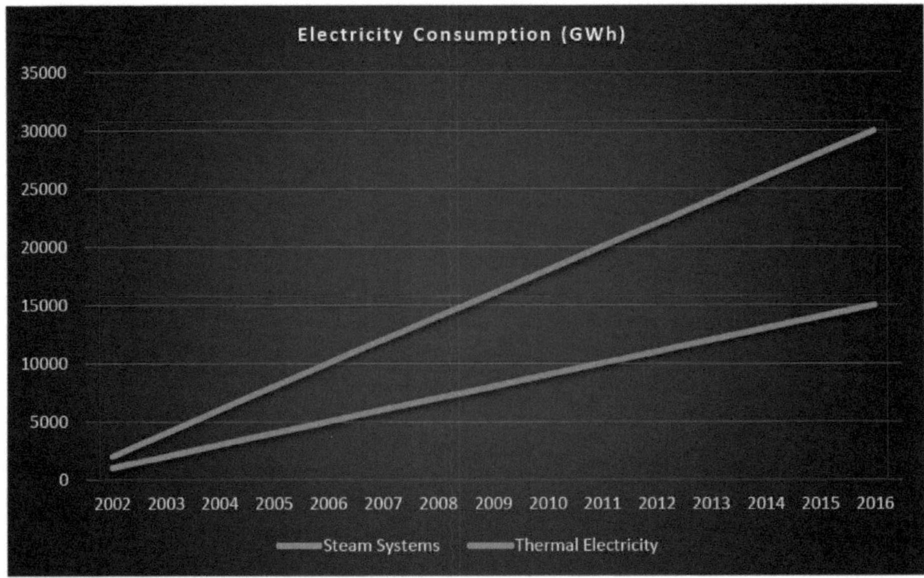

Figura 1: Tendências do consumo de eletricidade pelas indústrias de vapor (Fonte: Comissão de Energia da África do Sul, 2010a)

Uma indústria de vapor bem gerida utilizará de 8 a 12 kWh de eletricidade, 5000L de água e 150MJ de energia de combustível por quilo de litro de vapor produzido. Para elaborar, um Mega Joules (MJ) equivale a um metro cúbico de gás natural ou a energia consumida por uma lâmpada de 100W deixada a arder durante 3 horas, ou um motor elétrico de uma casa a funcionar durante 20 minutos (Smith & Fazzolare, 2008). A utilização correta da energia assenta no conhecimento da eficácia dos sistemas de gestão da energia e na conceção dos processos, mas podem surgir variações devido a diferenças nos processos de produção e no tipo de embalagem, nas temperaturas de entrada do vapor da água a ferver e nas variações ambientais.

A utilização de energia primária pela indústria do vapor é de cerca de 60% de energia natural e carvão. Estes combustíveis são utilizados como combustíveis para caldeiras na produção de vapor para vários processos e também para a produção de eletricidade no local. Outras utilizações são o aquecimento, o arrefecimento, a refrigeração e o acionamento de máquinas, que constituem processos diretos. Por outro lado, estes combustíveis são utilizados para fins não processuais, nomeadamente o aquecimento de instalações. Várias instalações fabris produzem atualmente eletricidade no local devido à elevada procura de vapor e ao elevado custo da eletricidade. A eletricidade cogerada pelas indústrias de vapor sul-africanas em 1994 foi de 644 milhões de kWh (Comissão de Energia da África do Sul, 2010a). A eletricidade cogerada representa 22% do total da eletricidade utilizada no local, o que a torna relativamente elevada em comparação com outras indústrias na África do Sul. As maiores utilizações de eletricidade são em accionamentos de máquinas para a utilização de bombas, ar comprimido, equipamento de vapor e arrefecimento de processos (Ministério dos Minerais e da Energia da África do Sul, 2010).

Uma vez que 30% da energia total é atribuída a sistemas de vapor em processos industriais para a produção de produtos. Estes sistemas podem ser essenciais para fornecer a energia necessária para o aquecimento de processos, controlo de pressão, accionamentos mecânicos, preparação de componentes e produção de água quente para reacções de processos e estes sistemas de vapor incluem: produção, distribuição, utilização final e componentes de recuperação. O equipamento de utilização final inclui permutadores de calor, turbinas, torres de fracionamento, decapantes e recipientes de reação química. Outras caraterísticas dos sistemas de vapor incluem sobreaquecedores, pré-aquecedores de ar de combustão, economizadores de água de alimentação e permutadores de calor de descarga para aumentar a eficiência do sistema (Pimentel, 2008).

Cerca de 80% da energia utilizada na indústria do vapor é utilizada para gerar vapor, e os sistemas de vapor consomem cerca de metade da energia utilizada nas indústrias química e de refinação de petróleo. Tipicamente, as fábricas que avaliam os seus sistemas de vapor nestas e noutras indústrias descobrem um potencial de utilização de energia do sistema de vapor e poupanças de custos que variam entre 10% e 15% por ano.

As grandes fábricas que dependem fortemente de sistemas de vapor podem realizar poupanças significativas. Por exemplo, na sequência de uma avaliação efectuada utilizando a Ferramenta de Avaliação do Sistema de Vapor do DOE, a Mondi Company melhorou o sistema de vapor na sua fábrica de processamento de papel em Piet Retief. Os melhoramentos incluíram a atualização dos queimadores e dos controlos, a instalação de sistemas de compensação de oxigénio dos gases de combustão nas caldeiras e a recuperação de mais condensados para reduzir o número de caldeiras necessárias para satisfazer a carga de vapor. Estas medidas permitem à fábrica poupar anualmente 52 000 MJ de gás natural e 526 000 kWh de eletricidade. No verão de 2005, os custos de energia da central foram reduzidos em cerca de 900.000,00 Rands por ano (Comissão de Energia da África do Sul 2010a).

1.2.2 Mercado da energia nas indústrias de vapor na África do Sul

Tal como em qualquer outro país, a energia desempenha um papel económico importante na África do Sul. O sucesso dos sistemas e estratégias a nível organizacional e setorial será maior se estiverem integrados num programa ambiental nacional de base ampla e a longo prazo. Mais especificamente, permitir que os preços da energia reflictam os custos ambientais externos revelar-se-á mais eficiente em termos energéticos e de custos e sensibilizará a administração superior (Ernst, 2011). Na África do Sul, essas políticas incluem a continuação da reforma do imposto ecológico que foi implementada em 2002. O aumento da taxa de imposto sobre os combustíveis e a eletricidade reduz o risco financeiro associado aos investimentos na utilização de energia e permite um planeamento a longo prazo (Kleinpeter, 2002).

Aproximadamente 57% dos sul-africanos vivem em zonas rurais e a maioria destas pessoas não tem acesso a formas modernas de energia, como a eletricidade e os produtos petrolíferos, pelo que a maioria das habitações rurais depende fortemente dos recursos de biomassa para obter energia. O combustível de madeira é o combustível dominante e mais barato disponível no mercado sul-africano; a produção, o transporte e a venda de combustíveis de madeira são todos realizados pelo sector privado (Comissão de Energia da África do Sul, 2010c). Não existe um organismo governamental oficial responsável pela fixação dos preços dos combustíveis de madeira na África do Sul; em vez disso, a fixação dos preços depende das condições da oferta e da procura.

1.2.3 Utilização de energia industrial nas indústrias de vapor na África do Sul

O sector industrial representa um desafio físico e organizacional para a gestão da energia. Fisicamente, muitas indústrias consomem tanta energia como uma pequena cidade, com facturas superiores a 30 milhões de rands/ano. O consumo é dominado pelo aquecimento, ventilação, ar condicionado (HVAC) e iluminação, mas estes estão distribuídos por enormes gamas de utilização. A maior parte das indústrias tem caldeiras, turbinas a vapor e laboratórios, enquanto muitas têm equipamento científico especializado com elevados consumos de energia.

As indústrias sul-africanas têm estruturas de tomada de decisão complexas, construídas em torno de uma série de comités, cabendo a autoridade final à direção industrial. A organização e os procedimentos podem diferir entre as antigas e as novas indústrias, tal como a prioridade relativa dada ao desenvolvimento e à investigação. A gestão da energia e da água está normalmente reunida sob a designação de "serviços públicos", centralizada num departamento ou equivalente, e pode ou não envolver pessoal dedicado à gestão da energia. Os departamentos são também responsáveis por novas construções, remodelações, manutenção de rotina e aquisição de energia.

As principais fontes de energia utilizadas para fins industriais são os combustíveis de madeira, a eletricidade e os produtos petrolíferos (gasóleo, gasolina e fuelóleo residual). As estatísticas da Comissão de Energia revelaram que os subsectores do sector transformador estão agrupados em formais e informais. As empresas formais de manufatura consistem em grandes indústrias como empresas de fundição, fábricas de cimento, fábricas têxteis e muitas outras. O grupo informal é constituído por empresas transformadoras de pequena escala, como as empresas de artesanato e carpintaria. Desde 2000, o subsector da indústria transformadora provou ser o maior consumidor de energia industrial, com cerca de 74%, seguido pelo sector mineiro, que consome cerca de 9% a 10% da energia industrial (Comissão de Energia, África do Sul, 2010c).

As estatísticas revelam que o sector industrial tem um elevado consumo de eletricidade na África do Sul, e a eletricidade representa a maior forma de utilização de energia no sector industrial. O sector de produção formal representa até 55-56% da quota total de energia industrial durante o ano de 2000 a 2004 (Comissão de Energia, África do Sul, 2010c).

A faturação da eletricidade industrial na África do Sul consiste nos seguintes elementos (Comissão de Energia, África do Sul, 2010c):

- Procura máxima em kVA

- Consumo de energia eléctrica em kWh

- Sobretaxa de fator de potência

- Regime Nacional de Eletrificação (NES) Taxa por kWh

- Taxa de iluminação pública por kWh e uma taxa de serviço

Em 2000, a energia representava 3,97% dos custos de produção no sector combinado da indústria do vapor e da madeira. Não estão disponíveis dados mais recentes, mas a combinação da racionalização da produção nos locais mais eficientes, a melhoria da eficiência energética e a descida substancial dos preços da energia. Em 2004, a despesa total do sector com energia foi de aproximadamente 350 milhões de rands.

1.2.4 Desafios enfrentados pelas indústrias do vapor na África do Sul

As questões de segurança energética ameaçam constantemente a economia da África do Sul; estas questões resultam dos desafios enfrentados pelas indústrias de vapor da África do Sul. Com o aumento dos custos e preços da energia em todo o mundo, a indústria do vapor continua a procurar soluções inovadoras para estes problemas.

A procura de vapor a nível mundial continua a aumentar mais rapidamente do que a oferta, e a escassez criou uma procura de vapor que exigirá que os produtores de vapor sejam mais eficientes (Comissão de Energia da África do Sul, 2010b). As perdas podem ser significativas e requerem tratamento de resíduos a jusante. Os comboios de evaporadores modernos fizeram grandes progressos no sentido de melhorar a qualidade e a quantidade de vapor recuperado, mas mesmo estes projectos de instalações modernas podem sofrer de incrustações e arrastamento devido a altas velocidades e grandes volumes de vapor, a menos que sejam implementadas técnicas adequadas de eliminação de névoa.

O carvão na África do Sul representa 77% da fonte de energia do país e tem dominado o sector da indústria do vapor. Nos primeiros tempos, o carvão da zona de Vereeniging era fornecido aos campos de diamantes de Kimberly. Esta situação não é fácil de alterar na próxima década, devido à falta de alternativas ao carvão (Comissão da Energia, África do Sul, 2010c).

Todos os anos é produzida na África do Sul uma média de 224 milhões de toneladas de carvão comercializável e 25% deste carvão é exportado internacionalmente, o que faz deste país o quinto maior produtor de carvão. O restante carvão é utilizado em várias indústrias locais, das quais 53% são utilizadas na produção de vapor (Comissão de Energia, África do Sul, 2010c).

Atualmente, as reservas de carvão são de 53 mil milhões de toneladas e, com a atual taxa de produção, restam cerca de 200 anos de fornecimento de carvão (Comissão de Energia, África do Sul, 2010c).

O carvão é pulverizado num grande moinho até se tornar um pó fino antes de ser soprado para as caldeiras. As partículas de carvão ardem e entram em combustão devido ao calor na caldeira para gerar vapor que acciona as pás da turbina da hélice. A turbina faz girar o rotor no interior do estator, que, em conjunto, formam um gerador. O gerador produz uma corrente eléctrica, que é enviada para as fábricas e para casa através de linhas eléctricas.

1.2.5 Segurança energética

A segurança energética tornou-se uma questão importante, uma vez que a energia é um fator de produção essencial para todas as nações e desempenha um papel vital na economia e na segurança de qualquer nação. A Agência Internacional da Energia define a segurança energética como o fornecimento de energia a preços razoáveis, fiável e respeitadora do ambiente. No entanto, podemos perguntar: o que significa realmente um fornecimento fiável de energia? Que preço, tanto a nível financeiro como político, estamos dispostos a pagar por ele? E como podemos garantir que não só os interesses da proteção ambiental, mas também os da transparência, dos direitos humanos e da democracia não são esquecidos quando os recursos energéticos são explorados?

Do ponto de vista dos utilizadores finais, a segurança energética implica o fornecimento de serviços energéticos sem interrupções. Para os produtores de energia, é a capacidade de garantir mercados atractivos e a longo prazo para os seus recursos naturais, que frequentemente sustentam as suas economias. Em geral, a segurança energética é constituída por quatro critérios ou dimensões interligados: disponibilidade, acessibilidade económica, eficiência e gestão ambiental.

Afinal de contas, parte da realidade é que a cooperação tem mais hipóteses de sucesso do que o confronto no caminho para um futuro energético sustentável e seguro. A teoria dos jogos, um interessante ramo da matemática que analisa o comportamento económico e político de diferentes partes, criou o termo "co-opetição". A co-opetição é uma combinação de cooperação e competição e descreve uma interação frutuosa de ambas. A ideia básica é fazer um bolo maior e melhor através da cooperação, a fim de obter o maior pedaço depois. O modelo oposto seria partir o prato por causa de todas as lutas e depois ter de apanhar um pedaço do chão. A co-opetição é uma boa fórmula para a forma como o mundo deve gerir os seus recursos energéticos comuns. A concorrência é boa para o negócio, seja no mercado do petróleo ou da energia solar. Mas a concorrência e a cooperação sistemática terão de se complementar mutuamente no futuro, se quisermos ter êxito na transição para um aprovisionamento energético sustentável.

Isto é particularmente verdade para todas as indústrias de vapor da África do Sul que dispõem de escassos recursos próprios, para além de boas infra-estruturas e elevados padrões tecnológicos. O mais importante é que os sul-africanos devem encarar a sua política energética e climática como uma unidade integrada no futuro. Os diplomatas sul-africanos não são muito convincentes quando admoestam os seus parceiros a cumprirem as normas globais em matéria de segurança energética, ao mesmo tempo que as empresas sul-africanas participam na exploração dos recursos energéticos. Mas também não devemos ser ingénuos. Enquanto o nosso sistema económico for lubrificado com recursos energéticos, as economias da África do Sul também têm interesse num acesso fiável a estes recursos que, por enquanto, são indispensáveis. Isto significa, essencialmente, que as empresas energéticas sul-africanas devem gozar dos mesmos direitos de exploração dos recursos naturais e de investimento que a concorrência de outros países. Simultaneamente, uma política energética sul-africana uniforme só será credível se a África do Sul obrigar as suas empresas a manter normas mínimas em termos de proteção do ambiente, dos direitos humanos e das minorias (Dow. Retrieved July 22, 2013). Para além disso, temos de trabalhar intensamente no futuro não fóssil.

Uma maior segurança energética não será alcançada através de um braço de ferro geopolítico com outras grandes potências, mas sim através de uma política ambiental e climática coerente e da criação de um quadro jurídico geralmente aceite para a resolução pacífica de conflitos, em vez de recorrer ao uso do poder económico ou militar (Dow. Retrieved July 22, 2013). A política energética da África do Sul deve, por conseguinte, ser orientada para o objetivo do desenvolvimento sustentável e para a aplicação dos princípios internacionais. Só com isto já se ganharia muito (Dow. Recuperado em 22 de julho de 2013).

O novo problema da comunidade mundial chama-se segurança energética. Poder-se-ia descrever a disciplina política destinada a tornar os Estados mais "seguros em termos energéticos" como política externa energética (Dow. Recuperado em 22 de julho de 2013). De acordo com o Ministro dos Negócios Estrangeiros da África do Sul, a manutenção da segurança global no século XXI estará "inseparavelmente ligada à segurança energética" (Dow. Retrieved July 22, 2013). A disputa pelos recursos energéticos mundiais tornou-se, desde há muito, um elemento importante da política externa e de segurança das grandes potências económicas. Faz parte do regresso à geopolítica, da luta por uma nova ordem mundial. Já hoje esta luta se traduziu em tensões de política externa e numa alteração do equilíbrio do poder mundial. A nova política externa imperial da África do Sul assenta no poder das suas empresas de energia. O mundo está a ser medido; o equilíbrio de poder entre as grandes potências está a ser redeterminado (Muller, 2007). No entanto, neste contexto, é importante que a concorrência legítima por oportunidades económicas futuras se processe de forma pacífica e siga regras geralmente aceites, e que outros interesses, como a proteção do ambiente e dos direitos humanos, sejam igualmente tidos em consideração.

O princípio sul-africano de que a segurança energética consiste essencialmente em garantir o abastecimento a partir de várias fontes continua a ser aplicável atualmente. Para o seu aprovisionamento energético, nenhuma potência do mundo depende apenas do funcionamento do mercado global A segurança energética sempre foi também uma questão de aliança - e de política externa. Ao contrário do que acontecia em 1910, os limites impostos pela proteção do ambiente e do clima à expansão da nossa economia global desempenham hoje um papel central.

Além disso, atualmente, o tema da segurança energética volta a merecer a mesma atenção que mereceu durante as crises petrolíferas da década de 1970.

1.2.6 Utilização da energia industrial: um fator-chave para o desenvolvimento industrial sustentável

O crescimento populacional e económico tem sido encurtado pela expansão eficiente dos combustíveis fósseis e os analistas têm aludido ao crescimento do fator energia barata para aumentar o crescimento económico. Enquanto nós interpretamos a economia de uma forma económica, as pessoas que conhecem as ciências naturais pensam de uma forma muito diferente, em que consideram a economia e a economia do ponto de vista das necessidades energéticas. Se alguém usa dinheiro, não nos preocupamos com o facto de estar a perder, mas consideramos isso como uma transação para comprar energia em kilojoules.

O estudo revelou que "o principal objetivo desta análise tem sido o nível fundamental da energia. Um breve comentário sobre a possibilidade de declarações enganosas sobre os custos do vapor pode ser útil. A indústria do vapor tem vindo a afirmar, desde há algum tempo, que o custo da eletricidade produzida pelas turbinas a vapor está prestes a baixar para se equiparar ao custo da eletricidade produzida a partir de combustíveis fósseis. No entanto, o custo a que se referem é o montante total de dinheiro que os operadores de turbinas a vapor têm de receber, por todos os kWh que produzem, de modo a obterem um lucro satisfatório para os operadores de turbinas a vapor. Nalguns países, como a Dinamarca, a maior parte da energia a vapor é "prioritária" para que os distribuidores tenham de a utilizar. No Reino Unido, há efetivamente uma penalização se não for utilizada".

As indústrias de vapor são agora encorajadas a efetuar balanços energéticos e auditorias energéticas periódicas para monitorizar o seu consumo de energia. A auditoria energética deve ser apresentada sob a forma de um quadro ou fluxograma que indique todas as entradas e saídas relevantes e que mostre a repartição da utilização de energia entre as várias fases do processo envolvidas.

Capítulo 2

Revisão da literatura

2.1 Gestão da energia industrial

Muitos estudos realizados no domínio da eficiência energética industrial mostram um grande potencial de poupança de energia que pode ser alcançado através da implementação de um sistema de gestão da eficiência energética na indústria do vapor. Na indústria do vapor, os compromissos individuais em relação aos custos de energia podem ser uma questão muito importante. A responsabilidade é a chave para equilibrar a necessidade, a procura e a oferta. Se cada indivíduo na organização for responsável pelos seus próprios custos de energia, isso pode contribuir para um enorme impacto na poupança de energia e nas medidas de manutenção da casa. Para garantir essa responsabilização, será essencial submeter e faturar os custos individuais de acordo com o seu consumo de energia, o que incluirá os custos operacionais e de pessoal. Além disso, é necessário introduzir incentivos e dizer que só serão efectivos se os indivíduos identificarem e iniciarem melhorias na eficiência energética. Outra abordagem consiste em criar uma equipa de gestão da energia que seja responsável pelas melhorias da eficiência energética industrial. O desafio aqui seria o orçamento para financiar os projectos de investimento identificados, que está fora do controlo do pessoal de gestão da energia. O pessoal de gestão da energia deve ter capacidade e competência para identificar e iniciar melhorias energéticas. Isto dependerá apenas da dimensão e da estrutura da organização.

Surgem questões muito semelhantes na aquisição de equipamento. O comprador pode ter um forte incentivo para minimizar os custos de capital, mas pode não ser responsável pelos custos de funcionamento.

As iniciativas destinadas a promover uma melhor gestão da energia na indústria do vapor têm sido bastante mais bem sucedidas. Isto pode permitir poupanças de 10 a 20 por cento, mas estas só seriam libertadas se houvesse um empenhamento dos quadros superiores e recursos humanos adequados. Existe um vasto leque de boas práticas no sector e a experiência sugere que a gestão da energia pode ser financeiramente autossuficiente, com as poupanças resultantes da aquisição de serviços públicos e dos investimentos em eficiência energética a serem utilizadas para financiar investimentos futuros e os custos salariais do pessoal de gestão da energia.

Assim, a combustão é a primeira área a examinar quando se consideram as opções de gestão de energia na indústria do vapor. Em teoria, quase todo o potencial de trabalho do combustível deveria ser recuperável; no entanto, devido a limitações práticas, há perdas devido à termodinâmica da combustão. A única perspetiva atual de evitar estas perdas é através da utilização de células de combustível que extraem a energia do combustível sem combustão. As restrições de tamanho, económicas e de tempo de vida limitam atualmente a aplicação das células de combustível para a energia de processo. A próxima perda de trabalho disponível no processo de combustão resulta da diminuição da temperatura da chama para a temperatura do processo. No caso de um ciclo de vapor, a temperatura do processo pode ser da ordem dos 200 a 500°C. Em termos conceptuais, a eficiência poderia ser melhorada se os produtos quentes da combustão pudessem ser utilizados a uma temperatura tão elevada quanto possível, sujeita às limitações impostas pelos materiais de engenharia úteis. A tecnologia das turbinas permite temperaturas de cerca de 1.100°C; isto sugere que uma melhoria seria a utilização de um ciclo de topo envolvendo uma turbina de combustão direta para extrair trabalho. O escape da turbina (tipicamente a 600-650°C) poderia então ser aplicado a uma caldeira de calor residual para gerar vapor (Herman & Umana, 2002). A abordagem habitual, para gerar vapor diretamente a partir da combustão de combustível, exige uma descida da temperatura de 200°C para cerca de 550°C devido a limitações de material e de corrosão. Isto leva a uma grande diminuição do trabalho disponível antes mesmo de a energia ser aplicada a um processo.

Embora um ciclo combinado provavelmente não seja viável numa central existente, existem várias outras oportunidades de gestão de energia (EMO) que podem ser consideradas:

* Controlar a qualidade do combustível e melhorá-la, se necessário
* Fornecer quantidades corretas de ar em excesso
* Estabelecer e seguir os procedimentos de manutenção do queimador
* Utilizar o calor residual para pré-aquecer o ar de combustão
* Condensado de retorno
* Pré-aquecer a água de alimentação
* Acrescentar ou melhorar os controlos automáticos ou o equipamento de monitorização
* Considerar a mistura de resíduos combustíveis com combustível (resíduos sólidos com carvão, óleos lubrificantes usados com fuelóleo, etc.)

O combustível deve ser analisado periodicamente para determinar se ainda cumpre os requisitos. Por exemplo, o excesso de finos no carvão pode levar a um funcionamento incorreto; incluindo demasiado ar em excesso, o que, por sua vez, leva a perdas de energia na chaminé. A melhor forma de controlar esta situação é através da monitorização do teor de oxigénio do gás combustível, quer através de medições periódicas, quer, melhor ainda, através de instrumentação permanentemente instalada. O ajuste correto para o tipo de combustível utilizado pode ser estabelecido por teste. A correção do excesso de ar pode resultar numa poupança de combustível de 2 a 19%.

2.1.1 Caraterísticas eficazes dos sistemas de gestão da eficiência energética

O objetivo de uma norma de gestão de energia é fornecer orientações para que as instalações industriais integrem a eficiência energética nas suas práticas de gestão, incluindo o alinhamento dos processos de produção e a melhoria da eficiência energética da indústria do vapor. Especificamente, uma norma de gestão de energia oferece um quadro especializado e de melhores práticas para que as organizações e empresas desenvolvam objectivos de eficiência energética, planeiem intervenções, priorizem medidas de eficiência e investimentos, monitorizem e documentem os resultados e assegurem a continuidade e a melhoria do desempenho energético.

A maioria das normas de gestão (incluindo os sistemas de gestão de energia) são concebidas com base no modelo Plan-Do-Check-Act (PDCA), que promove uma cultura organizacional de melhoria contínua da eficiência energética. A cultura de melhoria contínua garante que os objectivos estabelecidos são atingidos de forma gradual e contínua; além disso, garante que os objectivos estabelecidos são realistas, exequíveis e adequados aos recursos (humanos, económicos e técnicos) disponíveis na empresa.

2.1.1.1 Fase de planeamento

O planeamento foi definido como (1) delinear um curso de ação para atingir um objetivo, (2) conceber um método para atingir um objetivo definido e (3) desenvolver uma forma específica de obter um resultado desejado. Cada definição contém dois elementos: Saber o que se pretende alcançar e decidir como o fazer. O processo de planeamento energético é composto por três etapas:

1. Decidir o que se pretende alcançar, ou definir objectivos
2. Decidir como atingir os objectivos ou delinear os procedimentos
3. Decidir como aplicar as competências necessárias para atingir os objectivos, ou atribuir responsabilidades. Esta etapa é necessária porque o gestor não executa o plano sozinho. Cabe ao gestor conseguir que outras pessoas o façam.

Os objectivos energéticos da gestão centram-se normalmente na quantidade, no custo e no efeito da poupança de energia. No entanto, não se limitam a estas áreas; variam consoante o sector, a localização e a situação específica. Muitas vezes, resultam de condições variáveis: pode ser acrescentado um novo produto, pode ser necessária uma nova fábrica e um departamento pode ser transferido. Todas estas alterações exigem um maior planeamento energético.

Para fazer face à mudança, a gestão faz planos. O primeiro passo no processo de planeamento é a definição de objectivos. Este é também o primeiro passo no processo de gestão total da energia. A falta de objectivos faz com que os planos falhem. Os objectivos devem ser sempre revistos para garantir que são específicos, consistentes e atingíveis.

Para ser específico, um objetivo deve indicar claramente o que deve ser realizado, quando deve ser realizado e como será medido. Considere o papel do diretor da fábrica. Os objectivos seguintes foram apresentados pelos chefes de departamento. O diretor da fábrica deve selecionar os objectivos considerados específicos.

1. Melhorar a conservação de energia
2. Melhorar a eficiência da caldeira em 2% por mês durante os próximos quatro meses
3. Para reduzir o desperdício de vapor
4. Reduzir, até janeiro de 2015, o consumo de gás do forno de processo na Unidade A (produtos de consumo) em 10 por cento.

Se forem selecionados 1 e 2, o gestor vê que são muito mais específicos porque dão uma medida de melhoria ou de redução. O segundo critério que um bom objetivo deve satisfazer é a coerência. Para ser coerente, um objetivo deve coincidir com as políticas e metas gerais da empresa em termos de substância e prioridade. Por exemplo, uma fábrica com uma política de poupança máxima de energia não pode aceitar um objetivo de poupança de custos do gestor do departamento de serviços para não efetuar verificações periódicas da eficiência da caldeira, a fim de reduzir a folha de pagamentos.

2.1.1.2 Fazer fase

Para obter a máxima capacidade de poupança possível, o plano de ação investigado deve ser classificado por ordem de prioridade e reformulado num plano de trabalho.

Além de envolver as responsabilidades e o calendário dos diferentes processos, o plano de trabalho deve conter os recursos essenciais. Destacar os objectivos energéticos e as insuficiências, mas só será bem sucedido se houver fundos suficientes e disponibilidade de recursos. Além disso, o gestor de energia deve registar os objectivos alcançados e analisar os benefícios em termos de poupança de custos. A poupança de custos alcançada e a redução da poluição ambiental devem ser demonstradas para motivar os empregados.

Manter este registo facilitará aos gestores o início do investimento em projectos de gestão de energia, independentemente do período de retorno do investimento.

2.1.1.3 Fase de controlo

Esta fase visa monitorizar e medir o desempenho (através da realização de auditorias energéticas) em termos de poupança de energia e comparar os objectivos e as metas estabelecidas. Se existirem deficiências, é necessário identificar e analisar as causas para proceder a correcções, de modo a atingir os objectivos estabelecidos. Assim, é importante que os objectivos estabelecidos sejam quantificáveis para facilitar a avaliação dos progressos e das melhorias.

2.1.1.4 Fase de ação

A fase de atuação envolve basicamente a análise pela gestão de relatórios de auditoria, internos e externos, relativos ao desempenho do programa de gestão de energia. Estes relatórios desempenham um papel importante para que a organização identifique lacunas e outros pontos críticos perdidos e actue sobre eles para garantir a melhoria contínua.

2.2 Benefícios ambientais, económicos e sociais da eficiência energética industrial

2.2.1 Ambiental

A utilização de combustíveis fósseis prejudiciais ao ambiente como fonte de energia primária tem-se revelado uma questão difícil de resolver para a indústria do vapor. Como é sabido, os combustíveis à base de petróleo têm algumas caraterísticas de conveniência, densidade e portabilidade que os tornam particularmente fáceis de transportar e especialmente adequados como forma de energia para alimentar actividades de transporte. A Indústria do Vapor tomou algumas medidas importantes para minimizar o impacto da energia dos combustíveis fósseis no ambiente.

A Agência de Proteção Ambiental (EPA) estabelece limites para a quantidade de emissões permitidas em qualquer parte da indústria do vapor de poluentes considerados como causas primárias da destruição da camada de ozono e de danos para o ambiente. Estes poluentes incluem o dióxido de enxofre, o ozono troposférico, os óxidos de azoto, o monóxido de carbono, as partículas e os compostos orgânicos voláteis. A lei dá a cada empresa a autoridade para desenvolver as suas próprias diretrizes relativamente à forma como irá limpar as áreas poluídas e melhorar a qualidade do ar, baseando esses regulamentos nas necessidades dessa indústria em particular.

Durante os últimos anos, temos estado empenhados na realização de investigação e na preparação de estudos para a Eskom, num esforço para reduzir a quantidade de energia utilizada nas turbinas a vapor e para encorajar outros a considerar a conservação de energia nas turbinas a vapor como uma alternativa viável ao aumento do fornecimento de energia.

O valor da redução da procura de energia nas turbinas a vapor pode ser mais bem apreciado quando se consideram os seguintes factos: Cerca de 35% de toda a energia utilizada na indústria do vapor é consumida diretamente nas turbinas a vapor; outros 6% são consumidos fora do local, em instalações de apoio às turbinas a vapor, para fins como o tratamento do vapor, o abastecimento de água e a gestão dos resíduos de vapor; cerca de 7% mais é utilizado para processar e produzir vapor para a turbina a vapor - no total, cerca de 48% de toda a energia utilizada é nas turbinas a vapor. As principais utilizações de energia para o funcionamento dos sistemas de controlo ambiental em turbinas a vapor na indústria do vapor são: 57% para aquecimento ambiente; 33% para o funcionamento de motores eléctricos e 10% para impulsores.

Se a energia utilizada nas turbinas a vapor fosse reduzida em apenas 25% - o que não seria difícil de fazer - poder-se-ia conseguir uma poupança de um equipamento de três milhões de barris de carvão por dia. Algumas turbinas a vapor existentes já conseguiram uma redução de 30% no consumo de energia sem exigir um investimento significativo.

2.2.2 Económico

O objetivo de qualquer projeto de conservação de energia é poupar dinheiro utilizando menos energia ou utilizando a energia de forma mais eficiente. A avaliação económica de projectos energéticos pode ser frequentemente complexa, uma vez que engloba as técnicas de engenharia necessárias para avaliar a magnitude das poupanças de energia, bem como os princípios económicos envolvidos na avaliação da justificação do investimento de capital no projeto.

A utilização da central de energia é importante porque, se for levada para além da capacidade nominal do fluxograma, os custos variáveis podem aumentar rapidamente, devido ao tempo inadequado para a manutenção preventiva, resultando em desgaste excessivo ou avarias e elevados custos de mão de obra para trabalhos de manutenção aos fins-de-semana e feriados. Estes são os chamados custos de superprodução.

É habitual cobrar ao departamento utilizador o seu consumo de energia a uma taxa por unidade; por exemplo, uma casa de caldeiras que forneça vapor a um departamento de processos ou, em alternativa, uma fábrica que venda vapor "do outro lado da vedação" a outra fábrica, seria cobrado tantos rands por 1000kg ou por mil kWh. Esta taxa incluiria todos os custos da caldeira. No entanto, alguns dos custos da caldeira são fixos e não diminuirão mesmo que o utilizador economize na sua utilização, resultando numa menor produção de vapor. O serviço utilizador declarará então que poupou à empresa a taxa unitária multiplicada pela redução do consumo de vapor. No entanto, devido ao elemento de custo fixo, este não é o caso. No que diz respeito à indústria do vapor, a poupança é a parte variável do custo multiplicada pela redução do consumo (Worrell, 2009).

É assim. Por conseguinte, é preferível cobrar ao serviço utilizador um preço em duas partes, frequentemente designado por tarifa bipartida, semelhante ao sistema utilizado por certos organismos de fornecimento de eletricidade. Isto significa que todos os utilizadores são cobrados numa base fixa todos os meses para cobrir os custos fixos. A base de um sistema deste tipo poderia consistir em fixar a taxa da seguinte forma:

(a) a procura normal de cada utilizador de vapor

(b) a procura máxima de cada utilizador de vapor

(c) a capacidade máxima instalada de utilização de vapor.

O consumo real de cada utilizador seria então imputado a uma tarifa que cobrisse os custos variáveis da casa das caldeiras. Desta forma, qualquer poupança no serviço utilizador será avaliada como poupança na casa das caldeiras. Se o custo do vapor for calculado com base em 1000 kg, pode ser necessário ajustá-lo às condições normais, nomeadamente ao vapor produzido a 100°C e à qualidade do vapor. As poupanças de energia refletir-se-ão inevitavelmente em termos de lucro e podem ser expressas numa base antes ou depois de impostos e a rentabilidade é o rendimento unitário das vendas menos o custo unitário. Uma indústria de vapor tem de decidir qual a melhor forma de atribuir um montante finito de capital disponível para investimento em projectos energéticos a muitas reivindicações concorrentes (Anderson & Newell, 2004). A qualidade das decisões de investimento da gestão resultará no sucesso ou no fracasso da empresa, uma vez que a empresa que é capaz de propor e selecionar projectos de energia que dão uma elevada taxa de retorno tenderá a ser mais rentável do que a empresa com poucas perspectivas de investimento que tenham um retorno compensador, ou cuja seleção de projectos seja pobre.

2.2.3 Prestações sociais

As empresas e indústrias que implementam a eficiência energética de forma rentável aumentam a produtividade; o aumento da produtividade é o principal fator responsável pelo crescimento industrial e económico. Como tal, uma melhoria da produtividade traduz-se em margens de lucro mais elevadas que podem ser redistribuídas sob a forma de aumento dos salários e também investidas para aumentar a produção, beneficiando tanto o fornecedor como o consumidor. A melhoria da produtividade (em consequência do aumento da eficiência energética industrial) pode levar ao desenvolvimento de novas inovações que podem criar novos postos de trabalho e também expandir o emprego. A implementação da eficiência energética pode também melhorar o ambiente de trabalho das empresas e a qualidade de vida da sociedade.

2.3 Otimização do sistema

Assim, a otimização do sistema (em relação à eficiência energética) representa um meio mais eficaz de proporcionar uma melhor utilização da energia para o processo de produção ao menor custo possível. No entanto, a maioria dos adoptantes de tecnologias de eficiência energética industrial tende a concentrar-se em componentes individuais em vez de numa otimização completa do sistema, perdendo assim as grandes oportunidades de poupança que podem ser derivadas da otimização do sistema. A otimização do sistema não pode ser alcançada através de uma abordagem padrão de eficiência energética, devido à variação na aplicação do equipamento e às caraterísticas operacionais e de gestão dos sistemas industriais.

A melhoria individual da eficiência energética das tecnologias conduz normalmente a uma aplicação incorrecta da tecnologia e, consequentemente, a uma deslocação do problema ou a uma sub-otimização. No entanto, a aplicação de uma abordagem sistémica para melhorar a eficiência energética oferece uma perspetiva alargada e, por conseguinte, ajuda a aplicar corretamente a tecnologia para obter um maior efeito; além disso, a otimização do sistema esclarece a causa principal da ineficiência (Handschin & Petroianu, 2001). Uma vez que o desempenho global do sistema depende do desempenho de cada componente individual e, mais importante ainda, da conceção e funcionamento do sistema, é importante que a otimização do sistema tenha em conta os parâmetros técnicos de cada componente individual e actualize e melhore sistematicamente a eficiência dos componentes.

2.4 Défice de eficiência energética

Atualmente, os países de todo o mundo são confrontados com desafios que estão a redefinir o consumo global de energia. O aumento dos preços da energia, uma maior consciência ambiental e instrumentos políticos e regulamentos rigorosos afirmam a importância de melhorar a eficiência energética.

Um dos principais problemas que a indústria do vapor enfrenta em relação à energia é a incapacidade de equilibrar a procura e o fornecimento de energia. A nação não irá muito longe com os seus esforços para converter o combustível e melhorar a eficiência energética enquanto a procura de energia continuar a aumentar e até a ultrapassar a oferta de energia. O verdadeiro problema da energia vai, portanto, para além das reservas de petróleo, dos preços da gasolina, da eficiência do combustível e de outras questões semelhantes; é um problema baseado num modo de vida, em que a conveniência, a rapidez e as tecnologias impulsionaram as atitudes da indústria do vapor em relação à energia e ao estilo de vida.

Muitas das possíveis estratégias para enfrentar as crises e carências energéticas, se implementadas, poderiam ajudar a indústria do vapor a lidar também com outras questões relacionadas com a energia. Por exemplo, as medidas destinadas a promover a eficiência energética, a conversão de energia e as energias renováveis podem também ajudar a resolver questões ambientais relacionadas com a energia. Além disso, as medidas destinadas a diminuir a dependência da energia produzida fora do país também podem ajudar a resolver as preocupações com a acessibilidade e a economia da energia (Kelly, 2007). A acessibilidade e a economia da energia são, de facto, duas questões que, historicamente, têm estado diretamente ligadas a muitas das crises e carências da indústria do vapor que acabámos de analisar.

A energia tem um impacto direto na economia da indústria do vapor. A escassez de energia, em particular, pode ter implicações económicas significativas. Com uma crise energética, há geralmente um período de diminuição das despesas e de redução da confiança na economia. Por exemplo, durante um período de preços elevados do petróleo ou de escassez de petróleo, os preços da gasolina aumentam, e os preços mais elevados da gasolina traduzem-se em custos de transporte mais elevados. O aumento dos custos de transporte afecta não só as despesas de vida diárias da maioria dos cidadãos, mas também as despesas operacionais diárias das empresas. Este efeito conduz a um aumento global do preço dos bens e serviços e à diminuição das despesas dos consumidores, o que, em muitos casos, pode conduzir a uma recessão, um período de abrandamento da atividade económica (Murphy & McKay 2007).

2.5 Barreiras teóricas

O termo "barreira" foi introduzido por investigadores que utilizaram modelos de engenharia económica para estudar o potencial técnico e económico da eficiência energética. A observação de que os investimentos com taxas de rentabilidade muito elevadas estavam a ser negligenciados levou os investigadores a postular que esses investimentos estavam a ser inibidos por várias barreiras e que essas barreiras justificavam a intervenção pública. Os obstáculos propostos incluíam incentivos divididos, em que os benefícios de um investimento não revertiam a favor do investidor, e financiamento, em que os indivíduos com baixos rendimentos não conseguiam ter acesso a capital para investimentos rentáveis em eficiência energética.

Estes estudos foram objeto de críticas por parte dos economistas ortodoxos, que salientaram que o termo "barreira" não era explicado de forma rigorosa. O número de barreiras propostas caracteriza-se pelo bom funcionamento dos mercados. Por exemplo, a incerteza quanto aos preços futuros dos combustíveis pode levar os investidores avessos ao risco a reduzir o capital ou a mão de obra em troca de combustível, o que pode incentivar a eficiência energética e não atuar como uma barreira. Do mesmo modo, os investimentos em eficiência energética podem estar associados a custos adicionais ocultos, como o tempo de gestão ou as perturbações na produção. Os investidores podem estar a tomar uma boa decisão de não investir nesses custos.

Críticas como esta desempenharam um papel importante na explicação das ideias sobre os obstáculos e relacionaram-nas com as noções tradicionais de falhas do mercado. O ponto de partida é que a política pública não deve centrar-se apenas na eficiência energética, mas deve também incentivar a eficiência económica. Os teoremas básicos da economia ortodoxa demonstram como, sob um determinado conjunto de pressupostos, os mercados competitivos podem maximizar o bem-estar social (Worrell, 2009). Mas, nalgumas circunstâncias, as exigências de uma distribuição eficiente dos recursos através do bom funcionamento dos mercados podem ser violadas. Talvez o exemplo mais conhecido seja aquele em que a produção de um bem conduz à poluição que impõe custos aos indivíduos que vivem perto da fábrica. Se estes custos externos não forem tidos em conta pelo produtor, a eficiência económica global não será alcançada. Nestas circunstâncias, a internalização dos custos externos através de mecanismos regulamentares, como um imposto sobre a poluição, pode aumentar o bem-estar social.

2.5.1 Barreiras económicas

A barreira económica permite caraterizar o potencial de melhoria da eficiência energética. Também permite diferenciar o potencial dos "economistas", que pode ser alcançado através da eliminação das falhas de mercado que explicam o défice de eficiência energética, do potencial dos "tecnólogos", que pode ser alcançado através da eliminação adicional de barreiras que não correspondem a falhas de mercado. O potencial dos "tecnólogos" é mais elevado do que o potencial dos "economistas", mas a sua realização não contribuiria para a eficiência económica, uma vez que vários destes obstáculos não são deficiências do mercado.

A observação de que as organizações têm taxas de desconto implícitas elevadas quando tomam decisões em matéria de eficiência energética serve apenas para sublinhar a existência de um défice de eficiência energética. Uma estimativa aproximada das taxas de desconto implícitas resulta das decisões competitivas tomadas e de uma previsão das taxas que podem tornar essas decisões óptimas, dadas as estimativas dos custos de capital e das poupanças de energia futuras. No entanto, o facto de se constatar que as taxas de desconto implícitas são elevadas não significa que sejam elevadas. Isto pode acontecer entre organizações que aplicam taxas de desconto normais no contexto de custos ocultos ou falhas de mercado ou através de organizações que administram taxas de desconto muito elevadas.

Por esta razão, as taxas de desconto elevadas não são uma barreira, mas um fenómeno convincente que precisa de ser explicado. Da mesma forma, afirmar que a taxa de desconto "correta" é mais baixa do que a verificada equivale a prever que todas as barreiras são verdadeiras falhas de mercado, enquanto afirmar que os consumidores têm utilizado a taxa de desconto correta equivale a assumir que não existem falhas de mercado. Em ambos os casos, a existência, o funcionamento ou a magnitude das barreiras não foram demonstrados (Anderson & Newell, 2004). O facto de se verificar que as taxas de desconto são mais elevadas do que as utilizadas no investimento no fornecimento de energia é passível da mesma crítica. Por vezes, pode ser mais bem fundamentado o motivo pelo qual são mais elevadas, relacionado com o risco relativo do investimento. Em suma, a disputa sobre a taxa de desconto correta a utilizar é tangível; o difícil é descrever e explicar empiricamente o funcionamento das barreiras propostas.

2.5.1.1 Barreiras económicas relacionadas com a deficiência do mercado.

Os obstáculos económicos são instrumentos fundamentais para a tomada de decisões rentáveis relacionadas com medidas de eficiência energética e, como tal, a informação imperfeita ou insuficiente sobre o desempenho energético das tecnologias e medidas pode conduzir a decisões sub-óptimas, inibindo assim o investimento ou conduzindo a um subinvestimento em tecnologias eficientes.

2.5.1.1.1 Informações imperfeitas

Mercados eficientes exigem que a energia seja: rival, quando o consumo de energia por uma pessoa impede o seu consumo por uma segunda pessoa; e excludente (Johansson, 2011), quando o proprietário da indústria do vapor tem controlo exclusivo sobre a sua gestão e utilização, juntamente com os benefícios e custos dessa utilização. Falha de mercado - surge quando a energia é não rival no consumo, não excludente na propriedade, ou ambos. Por exemplo, uma casa de caldeiras não é rival no consumo porque as turbinas a vapor podem beneficiar dela sem reduzir os benefícios para os outros. Do mesmo modo, os utilizadores de vapor são não-excludentes no consumo porque o vapor pode circular livremente entre diferentes regiões.

Existem várias formas de informação imperfeita nos mercados de serviços energéticos; identificámos três (3) formas de informação imperfeita, que são as seguintes

- Falta de informação: A falta de informação relacionada com o custo de capital e o custo de funcionamento pode levar o consumidor a tomar uma decisão irracional.

- Custo da informação: O custo implícito da procura e da aquisição de informações sobre o desempenho energético das tecnologias pode levar o consumidor a tomar uma decisão sem obter informações completas, conduzindo assim a um investimento não optimizado.

- Exatidão da informação: É difícil obter informações exactas sobre o mercado dos serviços energéticos, uma vez que os vendedores de tecnologias podem exagerar ou manipular o desempenho das tecnologias. Assim, informações inexactas podem levar a investimentos não optimizados.

2.5.1.1.2 Incentivos fraccionados

Outro exemplo de potencial falha do mercado resultante de informação assimétrica é a divisão de incentivos. Esta situação é frequentemente citada na literatura sobre eficiência energética, particularmente em relação ao aluguer de turbinas a vapor. O proprietário de turbinas a vapor pode não querer efetuar alterações para reduzir o consumo de energia porque as poupanças resultantes seriam realizadas pela indústria do vapor. Do mesmo modo, a indústria do vapor não gostará de efetuar alterações porque poderá perder as turbinas antes de beneficiar das poupanças de custos. Uma vez que nenhuma das partes pode beneficiar do investimento em eficiência energética, podem ser ignoradas oportunidades de elevado custo-eficácia.

A analogia com o exemplo anterior é que uma das partes pode ter informações relevantes sobre os custos e benefícios de um investimento em eficiência energética, mas considera difícil transmiti-las à outra parte. Se os proprietários da indústria do vapor e das turbinas a vapor não tivessem problemas de informação, chegariam a um acordo para partilhar os custos e benefícios do investimento em eficiência energética.

Por exemplo, os proprietários de turbinas a vapor poderiam investir em medidas de eficiência energética e incluir o valor desse investimento através de rendas mais elevadas nas suas turbinas. Na prática, porém, os resultados que poderiam ser obtidos através de tal acordo seriam provavelmente ultrapassados pelos custos de transação envolvidos. As medições que seriam necessárias para fazer com que as rendas recuperassem o valor capitalizado das poupanças de energia poderiam ser complexas (Sorrel, Malley & Schleich, 2004). Por conseguinte, é provável que se renuncie aos investimentos, apesar das vantagens potenciais para ambas as partes.

Tal como acontece com outras formas de informação assimétrica, pode haver circunstâncias em que uma intervenção política pode reduzir esta deficiência do mercado. Por exemplo, a obrigatoriedade de realizar auditorias energéticas às turbinas a vapor comerciais, associada a sistemas normalizados de rotulagem do desempenho energético, pode dar confiança aos proprietários de turbinas a vapor de que as melhorias da eficiência energética se reflectirão no valor das rendas.

2.5.1.1.3 Seleção adversa

Se o produtor de vapor tiver dificuldade em comunicar informações a um potencial comprador, este último não conseguirá aperceber-se da qualidade superior de um produto e optará por escolher o vapor com base nos aspectos visíveis, como o preço. Embora os compradores possam estar dispostos a pagar um preço. Embora os compradores possam estar dispostos a pagar um prémio de preço por produtos de elevada qualidade, esta preferência não será exercida se a qualidade do produto não puder ser observada.

Noutros casos, o vendedor pode ter a possibilidade de informar os potenciais compradores sobre a qualidade do produto, mas pode não ter o incentivo para o fazer. Neste caso, a condição de informação assimétrica proporciona uma oportunidade para o vendedor atuar de forma oportunista em detrimento do comprador. O pressuposto do oportunismo afasta-se um pouco da forma mais inocente de procura do interesse próprio que é tradicionalmente assumida na teoria ortodoxa, mas é um pressuposto fundamental de ambas as teorias da agência.

2.5.1.1.4 Relação principal-agente

As relações principal-agente representam outra forma de informação assimétrica; este tipo de barreira é mais prevalecente a nível organizacional do que a nível do mercado de serviços energéticos. As relações principal-agente existem quando os interesses de um ator, o principal (proprietário), dependem da ação de outro ator, o agente (ibid). A relação mandante-mandatário é uma consequência da imperfeição da informação relacionada com as medidas de eficiência energética por parte do mandante, o que pode levar o mandante a impor critérios de investimento rigorosos, desencorajando assim o mandatário a efetuar o investimento rentável.

2.5.1.2 Barreiras económicas não relacionadas com a deficiência do mercado

2.5.1.2.1 Heterogeneidade

A relação custo-eficácia de uma tecnologia depende das caraterísticas de um utilizador médio de uma determinada classe, pelo que a relação custo-eficácia de uma tecnologia pode variar em função das caraterísticas do adotante da tecnologia. A variação da experiência de custo-eficácia por adotante da tecnologia é designada por heterogeneidade da tecnologia. A heterogeneidade de uma tecnologia pode desincentivar os potenciais adoptantes de tecnologias a não utilizarem tecnologias de eficiência energética porque a relação custo-eficácia da tecnologia não está 100% assegurada.

2.5.1.2.2 Custos ocultos

Os custos ocultos representam a afirmação mais essencial e influente do "défice de eficiência". O problema é que os estudos de engenharia - económicos não conseguem explicar a redução da utilidade ligada às tecnologias de eficiência energética, ou os custos adicionais ligados à sua utilização.

Na literatura sobre economia da energia, o termo "custos ocultos" refere-se a quaisquer custos que não são convencionalmente incluídos nos modelos económico-económicos de engenharia (Johansson, 2011). Três possíveis fontes de custos ocultos são:

- as despesas gerais de gestão da energia;
- os custos específicos de um investimento individual em eficiência energética ou da escolha de uma opção de eficiência energética; e
- a potencial perda de utilidade associada a escolhas energeticamente eficientes.

Consequentemente, a categoria global de "custo oculto" precisa de ser desagregada nas suas componentes individuais para que os determinantes, a relevância e a importância relativa de cada componente possam ser avaliados. É autólogo afirmar que o "custo oculto" deve existir se as organizações não estiverem a adotar tecnologias energeticamente eficientes. Mas, em alternativa, é importante descrever e explicar quais são (se é que existem) esses custos, porque são essenciais, o que os determina e se e como podem ser reduzidos.

2.5.1.2.3 Acesso ao capital

A falta de acesso ao capital é uma barreira frequentemente citada na literatura sobre eficiência energética. Isto aplica-se particularmente à indústria do vapor, onde os baixos rendimentos restringiram a forma de abordar o crédito e podem emprestar a taxas de juro elevadas, o que pode impedir que os projectos de eficiência energética sejam tomados em consideração. A resposta a esta questão é que, embora a impossibilidade de aceder ao capital possa constituir uma barreira, não deve implicar uma falha nos mercados de capitais. O capital deve ser atribuído a projectos com a taxa de rendimento ajustada ao risco mais elevada.

A situação é mais complexa para a indústria do vapor. Neste caso, o problema do "acesso ao capital" tem duas componentes:

• capital inadequado através de fundos internos e potenciais problemas no aumento de fundos adicionais através de empréstimos ou emissões de acções; e

• ignorar a eficiência energética nos procedimentos internos de orçamentação de capital, misturada com outras regras organizacionais, tais como requisitos precisos sobre períodos de retorno.

A indústria do vapor parece não estar disposta a emprestar dinheiro para financiar projectos de eficiência energética de baixo risco com taxas de retorno que essencialmente ultrapassam o seu custo médio ponderado de capital. Em alguns casos, esta relutância parece ser consequência do risco notado de aumentar o rácio entre o financiamento por empréstimo e o financiamento por capital próprio.

2.5.1.2.4 Risco

Os riscos de investimento racional podem ser desencadeados pela rejeição de tecnologias eficientes do ponto de vista energético ou por taxas de desconto elevadas para os riscos de investimento eficiente do ponto de vista energético. No caso de existirem dúvidas sobre a sobrevivência da empresa nos próximos três anos, são adoptadas medidas rigorosas de investimento. A inflação e as taxas de juro são bons exemplos de fontes de tendência de risco. Outras incluem mudanças nas políticas governamentais e tendências nos mercados de impacto.

A área de maior preocupação é o impacto do risco real ou percebido no investimento em eficiência energética, por oposição a outras formas de investimento. É possível que as tecnologias de eficiência energética apresentem riscos elevados do ponto de vista técnico. Por exemplo, se a tecnologia for considerada pouco fiável, o risco de interrupções e avarias pode ser superior à redução dos custos energéticos. Normalmente, essas perturbações estão associadas a tecnologias novas e desconhecidas, sobretudo a programas de demonstração financiados pelo governo, cujo objetivo é sensibilizar os adaptadores. No entanto, muitos dos modelos foram experimentados e testados, nomeadamente a iluminação energeticamente eficiente, as caldeiras de condensação, o isolamento térmico, os motores energeticamente eficientes e as válvulas termostáticas dos radiadores.

2.5.1.3 Barreiras organizacionais

Para reduzir os desvios de informação, melhorar a coordenação entre a gestão da energia e as necessidades dos utilizadores e estimular a comunicação vertical e horizontal, deve ser criado o cargo de gestor de energia.

A teoria organizacional postula que factores organizacionais como o poder, a cultura e a consciência da empresa podem restringir uma série de investimentos viáveis em eficiência energética; estes dois factores estão normalmente relacionados com a estrutura, a dimensão e a infraestrutura disponível da organização.

2.5.1.3.1 Potência

As responsabilidades pelas questões energéticas são normalmente atribuídas à equipa de engenharia, que tem um estatuto muito baixo dentro de uma organização. Devido ao seu baixo estatuto, não têm poder suficiente para iniciar projectos de eficiência energética dentro da organização e, como tal, estão limitados pela burocracia estabelecida pela gestão de topo. No entanto, a gestão de topo, que tem o poder de iniciar projectos de eficiência energética, normalmente ignora esses projectos porque a melhoria da eficiência energética não é uma atividade central da empresa e, portanto, não vê a importância dos projectos de eficiência energética.

2.5.1.3.2 Cultura e sensibilização

O nível de sensibilização dos trabalhadores para a energia foi considerado muito fraco. Todos os estabelecimentos recorreram a diferentes campanhas de sensibilização - como cartazes e stands de informação - mas todos referiram que estas eram ineficazes. O aumento da sensibilização poderia ser potencialmente ajudado através da responsabilização pelos custos da energia, utilizando o impacto ambiental da utilização da energia para motivar o pessoal, e de movimentos no sentido do "trabalho de equipa" e de uma maior responsabilização pelo desempenho do centro de custos da energia. No entanto, em todos os locais faltava um defensor de alto nível para a eficiência energética e todos referiram que a sensibilização para a eficiência energética era baixa na "cultura da indústria do vapor".

Os factores que contribuíram para esta situação foram a relativa insignificância dos custos da energia, a falta de responsabilidade pelos custos da energia e a predominância da investigação e de outras prioridades. Embora algumas instituições tenham efectuado campanhas de sensibilização limitadas (por exemplo, autocolantes, exposições), estas foram geralmente consideradas ineficazes. As consequências ambientais do consumo de energia foram consideradas de pouca utilidade para motivar o pessoal, devido à sua relativa invisibilidade em comparação com problemas como os resíduos. Em consequência disto, os departamentos de património preferiram concentrar-se na melhoria da eficiência energética através de melhores controlos, em vez de melhorarem a limpeza.

2.5.1.4 Barreiras comportamentais

Em conjunto, as perspectivas dos custos de transação e comportamentais podem fornecer uma descrição mais rica e realista do comportamento económico e da organização do que a disponível no modelo ortodoxo. As barreiras comportamentais baseiam-se e alargam uma série de temas no âmbito da teoria da agência para fornecer uma abordagem unificada às falhas do mercado e da organização, salientando que estas são relativas e não absolutas. A barreira comportamental vai mais longe ao incorporar uma descrição mais realista da tomada de decisão individual, que inclui a aversão à perda e a sobreponderação da certeza. Mas, embora ambas proporcionem um maior realismo, tornam mais difícil desenvolver modelos formais ou tirar conclusões políticas claras. Em especial, o debate sobre os obstáculos fica comprometido quando os custos de transação esbatem a simples distinção entre deficiências e não deficiências do mercado (Sorrel, Malley & Schleich, 2004). De forma semelhante, a distinção entre falha de mercado e falha organizacional torna-se menos robusta quando cada uma pode ser potencialmente remediada pela substituição de uma forma de organização por outra.

2.5.1.4.1 Problemas de informação nos mercados de serviços energéticos

Os desafios da informação imperfeita são susceptíveis de permear os mercados de serviços energéticos e exprimem a importância do défice de eficiência. Em primeiro lugar, a mensagem recebida através de medidas como a contagem e as auditorias envolve custos de investimento e de transação que podem não ser considerados nos modelos económicos de engenharia. Em segundo lugar, os custos inspeccionados para os produtos energeticamente eficientes são muito superiores aos dos produtos energéticos de base, o que provoca um enviesamento assimétrico contra a eficiência energética. Em terceiro lugar, a eficiência energética tem a boa reputação da atitude mental, o que a torna mais vulnerável à falha do mercado da informação. Em terceiro lugar, a eficiência energética tem uma atitude mental de boa reputação, o que a torna mais vulnerável à falha do mercado da informação.

A receção política adaptada a estas falhas de mercado é controversa. Embora os programas de informação sejam a ideia mais visível, os critérios mínimos de eficiência energética podem ser mais eficazes em alguns casos. Se os programas de informação forem aplicados, tanto o tipo de informação introduzida como a aceitação da fonte são significativos.

2.5.1.4.2 Credibilidade e confiança

A credibilidade da fonte de informação é outra dimensão importante da informação que afecta a melhoria da eficiência energética; a credibilidade envolve uma combinação de conhecimentos especializados e fiabilidade. Assim, a divulgação e a assimilação eficazes da informação dependem em grande medida da fiabilidade das fontes. Se a credibilidade da fonte de informação for questionável e não for fiável, as empresas podem ter relutância em investir na eficiência energética com base nessa informação.

2.5.1.4.3 Valores

Para além do incentivo financeiro para melhorar a eficiência energética, os indivíduos e a indústria do vapor podem ser motivados pelo desejo de melhorar o desempenho ambiental da indústria do vapor. Em alguns casos, isto pode ter (ou espera-se que tenha) uma influência no valor para os acionistas.

A indústria do vapor deve ter uma cultura fortemente motivada para os valores ambientais, quer por parte dos inquiridos, quer por parte da gestão de topo. Os inquiridos devem implementar medidas significativas de eficiência energética que demonstrem um nível mais elevado de preocupação ambiental e enfatizem a importância do compromisso da gestão. A Direção-Geral deve elevar o perfil da energia na organização, através de razões enfáticas de poupança de custos e da nova ênfase na agenda ambiental. No entanto, "a energia não é considerada tão importante como o ambiente", aparentemente, pelo que o esforço tende a ser direcionado mais para melhorias ambientais de base ampla do que para a eficiência energética.

2.7.1.5.4 Inércia

A inércia, neste contexto, refere-se à tendência dos indivíduos ou das organizações para adoptarem mudanças contrárias aos seus hábitos e rotinas estabelecidos. Assim, os agentes justificam a sua ação (inércia) desvalorizando a informação contrária. A existência de inércia na empresa pode explicar por que razão não são efectuados investimentos rentáveis em matéria de eficiência energética, uma vez que não estão de acordo com as rotinas da empresa.

2.6 Barreiras empíricas à eficiência energética industrial

Em termos de gestão da energia, as pequenas e independentes indústrias regionais de vapor não são iguais a outras organizações, especialmente as pertencentes às grandes empresas. Nas pequenas indústrias de vapor, a energia é a primeira prioridade do engenheiro da fábrica, assistido pela equipa técnica da fábrica. Em contrapartida, as grandes indústrias de vapor têm normalmente um gestor de energia designado, que será responsável pelo controlo da utilização de energia para o tratamento de água, produção de calor e eletricidade, caldeiras, gases industriais e turbinas a vapor. Em ambos os casos, a atenção centrar-se-á na tecnologia de processo, para além da utilização de energia, uma vez que esta é responsável pela maior parte do consumo.

Numerosos estudos empíricos confirmaram os contratempos para melhorar a eficiência energética na indústria do vapor. As controvérsias sobre a existência, a dimensão e a relevância política de uma "lacuna" de eficiência energética têm as suas raízes em desacordos mais fundamentais sobre o papel da economia de mercado estatal e as metodologias e conceitos adequados ao comportamento económico. No contexto atual, uma barreira é um contratempo ou obstáculo a uma decisão ou comportamento positivo que favorece a eficiência energética e económica. Estes contratempos são alegadamente um obstáculo ao investimento em tecnologias energeticamente eficientes e económicas. Para determinar esses obstáculos, é necessário efetuar as seguintes investigações:

- Qual é o contratempo? Por exemplo, os custos de transação, o risco, a falta de capital, a divisão de incentivos, etc.

- Para quem ou para que é que é um obstáculo? Por exemplo, empresas, organizações públicas, departamentos de organizações, indivíduos.

- O que é que evita? Por exemplo, a compra de equipamento mais eficiente do ponto de vista energético, a instalação de isolamento nas turbinas a vapor, a criação de um sistema de monitorização e de controlo.

A Indústria do Vapor tem um potencial significativo inexplorado para uma melhoria económica da eficiência energética. Os responsáveis pela gestão da energia na indústria do vapor estão conscientes deste potencial, mas a sua concretização é impedida por uma série de barreiras. A superação das barreiras à eficiência energética e a melhoria do desempenho energético no sector da Indústria do Vapor é suscetível de ser rentável e contribuirá também para alcançar os objectivos da política climática internacional e nacional.

Os estudos de caso também sugerem que a indústria do vapor sofre de falta de capital devido a uma combinação de orçamentos federais e estatais apertados e de restrições legais no acesso ao mercado de capitais. Outras barreiras relevantes incluem recursos humanos inadequados para a gestão da energia (levando a restrições de tempo), informação deficiente sobre os padrões de consumo de energia devido a um investimento inadequado em sistemas de informação, e o baixo estatuto e coordenação insuficiente da gestão da energia.

O principal obstáculo são os custos gerais da gestão da energia e as limitações de tempo do pessoal. Trata-se de um verdadeiro custo oculto que deve ser tido em conta nas avaliações. A indústria do vapor é implacavelmente competitiva e, embora as margens pudessem ser melhoradas através de uma utilização mais eficiente da energia, este fator foi relegado para segundo plano em detrimento da redução de custos através de despedimentos. Um segundo fator é a relutância em contrair empréstimos para investimentos de poupança de custos e a prevalência de critérios de investimento rigorosos e inflexíveis. A clarificação deste aspeto pode ser mais elaborada com testemunhos do risco empresarial, das prioridades de gestão e da potencial reação dos mercados financeiros ao aumento dos empréstimos, dos custos de transação e de outros factores.

2.7 Barreiras teóricas vs. barreiras empíricas

Existe uma discussão entre as abordagens de engenharia e económicas para a análise da eficiência energética (barreiras). Este conflito tem origem em duas escolas de pensamento; a primeira escola de pensamento afirma que as abordagens de engenharia à análise energética se baseiam firmemente em princípios económicos, enquanto a outra afirma que os mercados são normalmente eficientes e que a visão de engenharia carece de justificação económica. Worrell, (2009) afirma que: Para resolver esta luta, os analistas tecnológicos têm de admitir que os resultados empíricos só são significativos quando associados a um quadro teórico bem articulado. Em alguns casos, os economistas devem reconhecer que as declarações teóricas só são significativas se resistirem ao escrutínio empírico. Isto significa que todas as barreiras empíricas à eficiência energética têm uma conotação teórica; como tal, as barreiras teóricas e a sua classificação constituem uma base ou um quadro muito importante para a definição das barreiras empíricas. Por exemplo, barreiras teóricas como o custo da interrupção da produção e a falta de conhecimentos técnicos ou de competências são designadas, em termos teóricos, por custos ocultos e informação imperfeita, respetivamente.

2.8 Vantagens de uma gestão da eficiência energética (EnEM)

A explicação de uma gestão de eficiência energética necessita essencialmente da sistematização de metodologias de poupança de energia. A longo prazo, isto tem como consequência uma certa dimensão de poupança de energia e melhorias relacionadas com os custos, bem como eficiência nos processos. A gestão da eficiência energética é uma atividade de grande importância para o comprador e para o fornecedor. As principais razões são discutidas a seguir:

2.8.1 Redução dos custos

A introdução do EnEM pode poupar até 10% dos custos de energia nos primeiros anos de implementação, identificando sistematicamente os pontos fracos da sua utilização de energia e abordando-os com medidas básicas. Os investimentos em ar comprimido, refrigeração, sistemas de ventilação, sistemas de bombagem e tecnologia de manuseamento de materiais permitirão uma redução de 5 a 50% no consumo de energia e um tempo de retorno inferior a dois anos.

2.8.2 Proteção do ambiente

As alterações climáticas são uma outra grande catástrofe, tal como as inundações e as secas, sem esquecer o efeito do homem no ambiente. O aumento da temperatura dá origem a inundações nas regiões costeiras e nos países insulares de baixa altitude, ao aumento das zonas desérticas e à fusão dos glaciares. As alterações climáticas brancas são um desafio universal e devem ser adoptadas medidas severas para reduzir o efeito de estufa.

Uma gestão eficiente da energia é, por conseguinte, um elemento importante, uma vez que pode contribuir consideravelmente para a redução das emissões de gases com efeito de estufa.

2.8.3 Gestão sustentável

A gestão dos recursos, nomeadamente da energia, tem sido objeto de grande debate. As reservas de combustíveis fósseis são limitadas. As empresas que dependem destes recursos não se preparam para uma futura gestão eficiente da energia. A gestão eficiente da energia, os novos conceitos energéticos e as tecnologias energéticas inovadoras são fundamentais para operar com sucesso no mercado nos próximos anos e décadas.

2.8.4 Melhoria da imagem pública

Com uma certificação ISO, pode mostrar ao público, de forma credível, que a sua empresa está a funcionar de forma sensata no que diz respeito à eficiência energética, protegendo assim o ambiente. Os requisitos ambientais são cada vez mais um fator importante nas propostas públicas na África do Sul, incluindo, entre outros, as compras favoráveis ao clima. Tanto do ponto de vista do comprador como do fornecedor, uma gestão energeticamente eficiente apoia a medição das emissões de CO2.

2.8.5 Utilização de incentivos financeiros

Depois de janeiro de 2009, as organizações com utilização intensiva de energia na África do Sul puderam beneficiar do esquema de equalização de redução de custos através da Lei das Fontes de Energia Renováveis (EEG) se tiverem introduzido uma gestão de eficiência energética (Comissão de Energia da África do Sul, 2010a).

A falta de programas de gestão de energia é um enorme problema que impede o desenvolvimento e o sucesso das indústrias de vapor na África do Sul. Consequentemente, o sector de produção de energia (Eskom) não tem capacidade para investir o suficiente para satisfazer a crescente procura de energia no país; este desafio é causado pelo preço da energia, uma vez que o sector não é rentável. Mais uma vez, as organizações sul-africanas de serviços energéticos têm um esquema financeiro muito pobre quando se trata do mercado da energia para obter lucros (Comissão de Energia da África do Sul, 2010a).

Capítulo 3

Metodologia

3.1 A conceção do inquérito no terreno

Esta secção tenta abordar as questões sobre o "como e o quê do inquérito". A abordagem ao estudo consiste em duas questões componentes, tal como descritas por Ernst (2011). Estas duas são o que Ernst designa por questões conceptuais e questões técnicas. Para efeitos do presente estudo, as questões conceptuais são aquelas que abordam a questão de como ou em que base considero que os instrumentos de investigação escolhidos me ajudariam a abordar os fenómenos e as componentes da realidade social. As questões técnicas abordam questões de recolha e análise de dados. Por exemplo, questões como: Qual será o método de investigação? Qual será a estratégia de amostragem? A natureza contextual do inquérito exige que a realidade social seja observada no seu contexto, recorrendo a métodos adequados.

A conceção da investigação é, por conseguinte, largamente qualitativa. A investigação qualitativa para efeitos deste inquérito é definida por Ernst (2009) A investigação qualitativa é: baseada numa posição filosófica que é amplamente "interpretativa" no sentido em que se preocupa com a forma como o mundo social é interpretado, compreendido, experimentado ou produzido. Baseia-se em métodos de geração de dados que são flexíveis e sensíveis ao contexto social em que os dados são produzidos. Baseada em métodos de análise e explicação de estratégias de gestão de energia que envolvem a compreensão da complexidade, do pormenor e do contexto.

Neste inquérito, a investigação qualitativa é considerada adequada porque, ao abordar a questão de como o pessoal/pessoas podem ser educados para utilizar a energia de forma eficaz, é necessário conceber programas educativos. Os programas adequados devem ser informados pelos resultados obtidos através da recolha de dados. Neste sentido, a força da investigação qualitativa reside no facto de eu me preocupar com o processo de ver como os programas são utilizados e o que o pessoal pensa e sente. Embora os questionários sejam basicamente uma técnica quantitativa, utilizarei entrevistas juntamente com o questionário e a observação. Worrell (2009) argumenta que "nem as metodologias quantitativas nem as qualitativas são os corpos unificadores da filosofia, do método e das técnicas que se pensa que são".

Esta afirmação sugere que é melhor integrar duas técnicas do que utilizar apenas uma. Neste estudo, utilizei as entrevistas e os questionários para compreender a forma como a energia deve ser utilizada, a sua interpretação da informação relacionada com a utilização da energia e as suas ideias sobre a forma como as pessoas devem ser educadas para utilizarem a energia de forma eficaz.

3.2 Seleção dos participantes

As fontes de dados foram três empresas na África do Sul: Eskom (central eléctrica de Camden em Ermelo), Mondi (indústria do papel em Piet Retief) e Nampak (indústria do plástico em Kempton Park). As fontes de dados foram selecionadas de acordo com as orientações dadas por (Ernst, 2011). De acordo com Ernst, a seleção das fontes de dados deve ser feita com base nas questões de investigação. Em resposta às minhas questões de investigação, considerei as empresas acima mencionadas como fontes de dados disponíveis ou adequadas. A razão pela qual o fiz prende-se com o facto de existirem alguns aspectos únicos nestas empresas. As caraterísticas únicas são o facto de a Eskom estar atualmente a passar por dificuldades devido à elevada procura de eletricidade no país, enquanto a Mondi e a Nampak estão a passar por elevadas facturas/contas de utilização de energia.

Entre os interesses discutidos durante as conversas, estavam a eficiência e a gestão da energia, e o problema que estas empresas tinham com as suas facturas/contas de consumo de energia. Apesar de ter sido discutido com bastante frequência, o problema do consumo de energia manteve-se nestas empresas.

É neste sentido que, no meu estudo, escolhi as minhas fontes de dados nestas empresas. As empresas a que me refiro são empresas com pessoal qualificado. Partilham símbolos e fronteiras socioeconómicas. Todas estas empresas no estudo têm funcionários/pessoas que concluíram o ensino secundário e a maioria tem graus e diplomas universitários. Foi fácil para mim assegurar os meus compromissos com a maioria delas, porque tenho amigos que ocupam cargos superiores nestas empresas. No entanto, tive um problema sério com uma dessas empresas que tinha algumas restrições de tempo. Todos os entrevistados foram entrevistados na empresa nos horários sugeridos pela direção. Os participantes não eram muitos. Havia apenas 14 por empresa, ou seja, o diretor de engenharia, o engenheiro da fábrica, 2 foreman, 3 montadores, 3 carpinteiros e 4 trabalhadores gerais.

3.3 Metodologia

Este estudo analisa o nível de implementação da gestão da eficiência energética industrial nas indústrias de vapor. Fornece informações completas sobre a cultura energética industrial e a consciencialização das Indústrias do Vapor, derivadas de fontes de dados primárias e secundárias. Algumas das fontes de dados secundários utilizadas incluem livros, artigos científicos, documentos de trabalho, recursos da Internet, etc...

As técnicas aplicadas no estudo são preliminares e qualitativas, e satisfazem tanto os objectivos como a questão de investigação. A investigação emprega uma pesquisa geral intensiva de teorias e literatura relevantes relacionadas com a segurança energética, gestão de energia, eficiência energética, barreiras e incentivos à implementação da eficiência energética. O estudo recorreu a entrevistas semiestruturadas para recolher dados primários relacionados com a eficiência energética e a prática de gestão nas indústrias de vapor. As entrevistas foram realizadas em dois segmentos; no primeiro segmento, foi pedido aos participantes que descrevessem as estratégias de gestão de energia utilizadas nas respectivas empresas, tendo-lhes também sido pedido que expressassem os seus pontos de vista sobre as barreiras e as forças motrizes para a implementação da eficiência energética nas suas empresas. Na segunda sessão, foi pedido aos inquiridos que preenchessem um questionário estruturado que abrangia os vários aspectos do estudo. Todas as entrevistas foram gravadas e, em média, cada entrevista demorou cerca de 25-30 minutos.

Ernst (2011) escreve: "Um guião de entrevista é preparado para garantir que se obtém essencialmente a mesma informação de várias pessoas, cobrindo o mesmo material". Foi exatamente isto que fiz, numa tentativa de manter a interação entre os entrevistados e eu próprio concentrada. A questão, que pode surgir nesta fase, é até que ponto o guião da entrevista me ajudou a gerar dados a partir das experiências, interpretações, pensamentos e ideias das pessoas num curto espaço de tempo. Embora a resposta possa residir no facto de eu ter feito questão de que as entrevistas fossem sistemáticas e abrangentes, a utilização de métodos adicionais pode ajudar.

Estes métodos adicionais são um inquérito por questionário e a observação. O termo observação não é aqui utilizado no sentido antropológico social descrito por Ernst (2011). É utilizado no sentido em que a observação inconsciente é inevitável. Para responder à questão da fiabilidade da minha observação sobre as estratégias de gestão da energia, a resposta é que as estratégias de gestão da energia existem e são evidentes há mais de dez anos. Além disso, ao observar as estratégias de gestão, dispunha de um questionário para verificar quais as estratégias de gestão de energia que cada empresa utiliza e como. A utilização do questionário teve como objetivo aumentar a validade da forma como as estratégias de gestão de energia são tratadas em cada caso. Visitei cada empresa e tomei notas das observações gerais.

Ernst (2011) lembra-nos que a investigação qualitativa é uma prática ética. Esta afirmação está de acordo com Mckane (2009) quando dá um exemplo de uma das considerações éticas na investigação, ao referir que o tempo das pessoas não deve ser utilizado sem objetivo. O que estes autores querem dizer é que as perguntas para as entrevistas devem ser preparadas com bastante antecedência. Para Worrell (2009), desde que o entrevistador saiba o que pretende, pode fazer a pergunta certa. Numa tentativa de cumprir as diretrizes acima referidas, também utilizei um questionário para poupar tempo, uma vez que os participantes no meu estudo são pessoas ocupadas. Penso que também é ético ter em conta o ponto de entrada para a investigação. Por exemplo, antes do início da entrevista, apresentei a minha investigação aos entrevistados. Disse-lhes qual era o objetivo do que pretendia explorar. No final da investigação, prometi aos participantes que as conclusões lhes seriam reveladas.

3.4 Procedimento de recolha de dados

Durante as sessões de entrevista, foi utilizado um áudio (telemóvel) para gravar os participantes. De acordo com Worrell (2009), a utilização de um gravador de áudio não deve perturbar ou inibir o processo social. O telemóvel foi sempre guardado no meu bolso durante a entrevista. As anotações também foram feitas de forma criteriosa durante a entrevista. Passei o mínimo de tempo a anotar informações. Tentei manter a neutralidade, como explicado por Ernst (2011), quando comuniquei com os participantes.

De vez em quando, pedia aos participantes que consultassem as informações contidas nos folhetos concebidos pelo Departamento de Energia (DoE). Os folhetos são acompanhados pelo boletim informativo do DoE. No boletim informativo, pedi aos participantes para verem apenas o que o DoE diz sobre "Poupança de energia". Fiz isto para controlar a entrevista e centrá-la na utilização da energia. Penso que, como os entrevistados e eu referimos a informação nos folhetos do DoE, poupámos muito tempo.

No final de cada sessão de entrevista, perguntei a cada participante se podia dispensar cinco minutos do seu tempo para preencher o questionário.

3.5 Processamento e análise de dados

O procedimento de análise qualitativa que escolhi para o estudo é o que Worrell (2009) descreve como parcialmente interpretativo e parcialmente antropológico social. A abordagem à análise de dados para este estudo é que tudo o que os participantes dizem é a interpretação das suas experiências, interpretação de ideias, normas e crenças sobre a utilização eficaz da energia. Esta informação é organizada em padrões codificados e unidades de categoria, tal como descrito por (Worrell, 2009).

Foi observado o conselho dado por Ernst (2011), nomeadamente que a sobreposição da recolha de dados com a análise de dados é inevitável. Para Ernst (2011), esta "sobreposição da recolha e da análise de dados melhora tanto a igualdade dos dados recolhidos como a qualidade da análise, desde que o avaliador (investigador) tenha o cuidado de não permitir que a interpretação inicial influencie a recolha de dados adicionais". A fim de evitar enviesamentos, os dados de cada participante foram analisados imediatamente após a geração dos dados.

Depois de cada entrevista, transcrevi a informação do telemóvel. De acordo com Ernst (2011), apenas "o que é mais importante" deve ser transcrito para efeitos de codificação. Para verificar o que é mais importante, segui o caminho de Worrell (2009), considerando a informação relacionada com as minhas questões de investigação como dados ou provas do meu estudo.

Também mantive o contexto cronológico intacto. De acordo com Ernst (2011), é necessário decidir como gostaria de "ler" os meus dados - literalmente, interpretativamente ou refletidamente. Mesmo que os dados fossem "lidos" literalmente, esta leitura dos dados era, de facto, uma forma de ordenação. Por conseguinte, apenas os dados mais importantes são lidos de forma literal e interpretativa. Por conseguinte, atribuí códigos à informação relacionada com as questões de investigação.

Por exemplo, a informação relacionada com o tratamento das estratégias de gestão de energia e as facturas/contas, ideias, normas e crenças dos participantes sobre a utilização eficaz da energia foi importante. Atribuí códigos a esta informação de acordo com a sequência sugerida por Mckane (2009), que chama a este primeiro passo "concetualização dos dados".

Capítulo 4

Resultados

4.1 Antecedentes do inquérito

O objetivo do inquérito era determinar a prática atual da gestão da eficiência energética nas indústrias de vapor na África do Sul, investigando a extensão da adoção de medidas de eficiência energética, as barreiras e centrando-se nas decisões que tinham uma influência importante na eficiência energética global.

No total, foram administrados 22 questionários; 8 por correio eletrónico e 14 distribuídos fisicamente. No final do exercício, foram recebidos 15 questionários preenchidos. Exatamente 39% das indústrias inquiridas pertencem ao sector da produção de madeira e papel; 53% das indústrias estudadas pertencem também ao sector da produção de energia e 8% das indústrias inquiridas pertencem ao sector da produção de produtos de plástico.

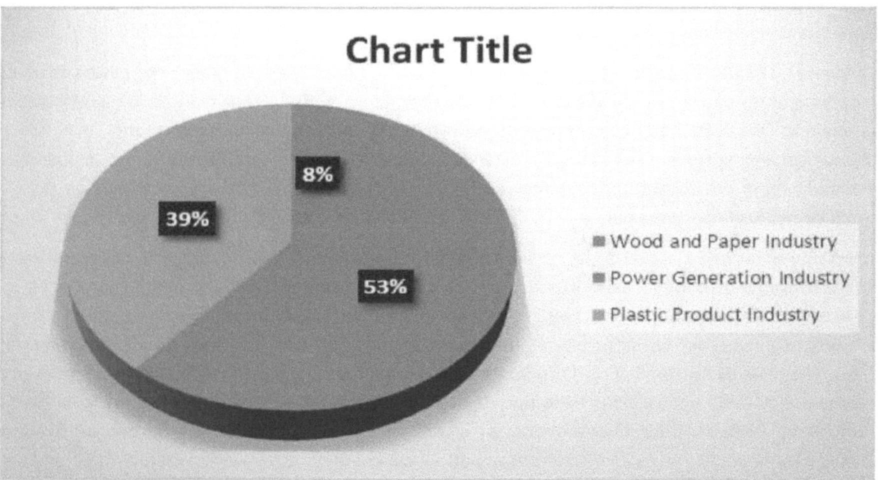

Figura 2: Participação das indústrias de vapor na África do Sul

4.2 Lacunas de eficiência e práticas de gestão da eficiência energética nas indústrias de vapor na África do Sul

Tanto os participantes do inquérito como os entrevistados identificaram os constrangimentos de tempo como a barreira mais importante para a eficiência energética e, invariavelmente, referiram que estavam a piorar. As oportunidades foram perdidas não devido à falta de programas de gestão da eficiência energética, mas devido à falta de tempo para reconhecer e implementar programas de gestão da eficiência energética. Nos casos em que a gestão da eficiência energética e a barreira da informação existiam, elas estavam geralmente interligadas com as restrições de tempo.

A importância da gestão da eficiência energética nas indústrias de vapor é vividamente ilustrada pelo fabricante de produtos plásticos, onde não havia um gestor de energia, o que resultou numa utilização anual de 4,5 milhões. De acordo com os inquiridos (entrevistados), para obter fundos para um gestor de energia a tempo inteiro, é necessário demonstrar de que forma essa pessoa pode ajudar a poupar custos de energia com base nos seus custos de poupança. Por exemplo, digamos que o salário anual custa R850k, isto significa que o gestor deve efetuar poupanças anuais de R950k, o que equivale a 20% de 64% do orçamento para a eficiência energética (McKane, 2009). Mas como este último já estava a conseguir poupanças, isto significa que as poupanças adicionais decorrentes da contratação de um gestor de energia a tempo inteiro teriam de atingir este nível. Isto significa que as outras poupanças resultantes da contratação de um gestor de energia a tempo inteiro teriam de atingir o objetivo. O desafio de alcançar este objetivo, juntamente com a falta de tempo do pessoal para organizar um tal momento, estava a impedir a nomeação de um gestor a tempo inteiro - apesar das graves consequências para a gestão da eficiência energética.

Em geral, a gestão da eficiência energética tinha um estatuto muito baixo em comparação com a investigação e o ensino. No entanto, os resultados do estudo sugerem uma correlação entre o estatuto atribuído às actividades de gestão da eficiência energética e a implementação de medidas de eficiência energética. O estatuto avaliado baseou-se no julgamento subjetivo das pessoas entrevistadas, na medida em que a administração de topo estava interessada em questões energéticas e se eram orientações ambientais ou energéticas. De acordo com esta classificação, o sector da Produção de Energia foi a única organização onde o estado da gestão da eficiência energética foi classificado como relativamente elevado. Nesta organização, a gestão da eficiência energética tem um peso maior na priorização das decisões de investimento dentro dos orçamentos estabelecidos.

O fabricante de madeira e papel não tinha departamentos diretamente encarregados dos custos de energia. Em vez disso, estes custos eram pagos a partir de um orçamento central. Havia planos para a introdução da orçamentação descentralizada como parte do novo sistema de contabilidade empresarial, mas isso será problemático, uma vez que a subcontagem está incompleta. A afetação baseada no espaço ocupado pode ser utilizada como um substituto (bastante pobre). Por conseguinte, na altura dos estudos de caso, não existiam incentivos financeiros para que os serviços individuais poupassem energia.

É importante notar que a organização, no seu conjunto, registava uma falta semelhante de incentivos para reduzir o consumo de energia. Esta situação deve-se ao sistema contabilístico das administrações de topo, que exige a aprovação de orçamentos separados para investimentos e despesas de funcionamento antes de cada exercício financeiro. Em princípio, os fundos designados mas não utilizados de um orçamento (por exemplo, despesas de funcionamento) não podem ser utilizados para outro tipo de orçamento (por exemplo, investimento). Mesmo dentro do mesmo tipo de orçamento, a possibilidade de transferência de fundos é extremamente limitada. Consequentemente, os custos de energia poupados não podem ser facilmente utilizados para financiar novos investimentos em eficiência energética, para o recrutamento de pessoal ou para qualquer outra categoria de despesas. Do mesmo modo, se a organização poupar no consumo de energia e, por conseguinte, nos custos energéticos, essa poupança de custos apenas beneficiará o orçamento de Estado, enquanto a organização corre o risco de lhe ser atribuído um orçamento mais reduzido para a energia nos períodos financeiros subsequentes. O sistema contabilístico cria um desincentivo direto à melhoria da eficiência energética.

O fabricante de produtos de plástico não tinha um orçamento específico para investimentos em eficiência energética, apesar da exigência legal de que 6% do orçamento de manutenção fosse gasto em medidas de poupança de energia. Na prática, este requisito não tinha qualquer significado, uma vez que, em primeiro lugar, quase todas as medidas podiam ser declaradas como medidas de poupança de energia; e, em segundo lugar, a eficiência energética melhorava normalmente como efeito secundário da manutenção de rotina, devido a melhorias técnicas nas tecnologias de utilização de energia.

A qualidade da avaliação do investimento em medidas de eficiência energética variou consideravelmente em toda a organização. De um modo geral, foram utilizados paybacks simples em vez do valor atual líquido ou da taxa interna de rentabilidade, e foram exigidos períodos de retorno de 3-5 anos. Por vezes, eram utilizados períodos de retorno mais longos para equipamentos com uma vida útil longa.

Uma falta geral de consciência do desempenho energético e dos custos da energia era predominante em todas as indústrias do vapor e as actividades de sensibilização eram limitadas e descoordenadas. Nos casos em que existiam programas de poupança de energia, o pessoal responsável pela gestão da eficiência energética tendia a abster-se porque tinha "coisas melhores para fazer". Motivar o pessoal também era difícil porque eles eram apenas parte temporária do sistema e tinham pouco incentivo para se envolverem. Embora os sistemas de recompensa para o pessoal não fossem vistos como um meio eficaz de gerar novas ideias, podiam desempenhar um papel na sensibilização.

4.3 Fonte de informação sobre eficiência energética industrial nas indústrias de vapor

Na indústria do vapor é uma das mais importantes saídas na discussão das barreiras. A primeira é que, por várias razões, as pessoas não dispõem de informação suficiente sobre as oportunidades individuais de eficiência energética ou sobre o desempenho energético das diferentes tecnologias. Isto leva-os a tomar uma decisão subótima baseada em informação provisória e incerta, e leva-os a subinvestir em eficiência energética.

A fonte de informação que pode ser obtida sobre o consumo atual de energia dependerá do conteúdo informativo das facturas dos serviços públicos, do padrão de subcontagem, dos actuais parâmetros de referência relevantes, da utilização de sistemas de informação informatizados, do tempo dedicado à análise da informação sobre o consumo, etc.

Deveria ser possível obter no mercado informações relevantes sobre as tecnologias de eficiência energética, mas o custo, a qualidade e a exatidão dessas informações podem variar consoante as tecnologias. Nalguns casos, esta informação pode estar sujeita a problemas de interesse público e, no caso de tecnologias de eficiência energética novas e desconhecidas, pode haver necessidade de programas de informação e regimes de demonstração com financiamento público.

O grau de implementação dos sistemas de informação sobre energia e a qualidade dos sistemas/fontes instalados variavam consideravelmente entre as indústrias de vapor. Com exceção dos fabricantes de madeira e papel, todas as indústrias tinham estabelecido um Sistema de Gestão da Energia do Vapor (SEMS), embora normalmente apenas para um subconjunto de sistemas de vapor. No sector da Produção de Energia, o SEMS tinha mais de vinte anos e era largamente incompatível com as novas tecnologias de controlo. O consumo de energia térmica era normalmente medido mensalmente ao nível de sistemas de vapor individuais ou complexos de vapor, mas para uma pequena percentagem do vapor (<10%), o consumo de energia térmica era estimado com base na área da casa da caldeira, porque o custo da submedição era considerado proibitivo. Para alguns equipamentos de elevada intensidade energética, o consumo de eletricidade foi medido individualmente. Os dados relativos ao consumo de energia não estavam disponíveis ao nível de cada departamento e, embora o consumo de energia fosse controlado, não tinham sido estabelecidos objectivos ao nível do departamento ou da organização. As poupanças de custos resultantes de medidas de eficiência energética foram explicitamente registadas apenas no sector da produção de energia e nos fabricantes de produtos de plástico.

Uma forma mais eficaz de melhorar as fontes de informação sobre energia nas indústrias do vapor seria a introdução de requisitos obrigatórios de comunicação de informações sobre a utilização de energia e a intensidade energética e as emissões de CO_2. O sector da produção de energia explorou recentemente a utilização de "rácios-chave do parque", incluindo os custos de energia/m2, para facilitar a comparação entre organizações, e estes poderiam ser alargados a longo prazo à recolha de estatísticas energéticas mais desagregadas e à comparação com parâmetros de referência. Atualmente, poucas indústrias do vapor têm capacidade para o fazer e os custos e benefícios teriam de ser cuidadosamente avaliados. Mas a melhoria da informação sobre energia deverá estimular a redução de custos através de uma melhor gestão da energia.

4.4 Adoção atual de tecnologias energeticamente eficientes nas indústrias do vapor

Um estudo piloto da área de estudo revelou que existem grandes potenciais de poupança de energia para os seguintes sistemas de tratamento térmico e caldeiras; sistemas de compressores e bombas, sistemas de iluminação e sistemas eléctricos. O inquérito-piloto também revelou que o potencial de poupança de energia para o condicionamento do espaço era muito baixo e, portanto, não exigia atenção. Com base nas conclusões do inquérito-piloto, o questionário foi redesenhado para questionar estes pontos críticos de poupança de energia (ou seja, tratamento térmico e caldeira, sistemas de compressores e bombas, iluminação e equipamento elétrico).

As melhorias na adoção de tecnologias na eficiência dos geradores de vapor resultam principalmente da redução das perdas de energia térmica residual nos gases de combustão e na água expelida. Os procedimentos que reduzem o fluxo de massa e o conteúdo energético destes fluxos beneficiam diretamente o desempenho da unidade. Outras perdas ocorrem devido à transferência de calor da superfície para a atmosfera e à combustão incompleta do combustível.

A eficiência global da caldeira é frequentemente expressa como 100% menos as perdas totais (em percentagem). A eficiência máxima resulta quando a combustão do combustível é completa e as perdas de calor descritas acima são minimizadas. Para melhorar a eficiência, as perdas e a magnitude relativa devem ser identificadas e, em seguida, concentrar-se nas perdas de carga que estão a controlar a eficiência reduzida.

Ao examinar as perdas de eficiência, é evidente que qualquer redução na temperatura do gás de combustão de saída ajudará a minimizar as perdas de gás de combustão. As temperaturas mínimas dos gases de combustão são limitadas pela corrosão e pela condensação de ácido sulfúrico nas regiões frias e nas regiões da unidade. Dada a importância da redução da temperatura de saída dos gases de combustão, muitas modificações operacionais e de equipamento estão relacionadas com os meios para efetuar esta redução.

Outra fonte de perda de eficiência numa caldeira industrial que não esteja a funcionar corretamente ou que tenha uma manutenção deficiente é a perda devida à combustão incompleta. Isto inclui a perda devida a material combustível nos gases de combustão e a perda devida a combustível sólido não queimado que fica preso nos resíduos. Como mencionado anteriormente, os elevados níveis de excesso de ar frequentemente utilizados nas caldeiras industriais tendem a minimizar esta perda, a não ser que a caldeira tenha uma manutenção incorrecta, seja uma unidade de carvão mais antiga e mal concebida ou esteja a queimar um combustível pouco comum e de qualidade inconsistente.

O nível ótimo de excesso de ar para obter a melhor eficiência da caldeira ocorre quando a soma da perda devida à combustão incompleta e da perda devida ao calor nos gases de combustão é mínima. Para o caso ideal de mistura rápida, a relação ar-combustível óptima é a relação ar-combustível estequiométrica. No entanto, é necessário um excesso de ar em todos os casos práticos para aumentar a plenitude da combustão, permitir variações normais na precisão dos controlos de combustão e assegurar condições de chaminé satisfatórias com alguns combustíveis. O nível ótimo de excesso de ar varia com o combustível, queimador e conceção da fornalha e pode ser determinado por testes realizados com diferentes relações ar-combustível.

O calor perdido da camisa da caldeira através do seu isolamento é geralmente designado por "perda por radiação" e inclui o calor irradiado para a sala da caldeira e o calor captado pelo ar ambiente em contacto com as superfícies da caldeira. A quantidade de calor perdido (kJ/hr) é constante em diferentes taxas de queima da caldeira e automaticamente passa a representar uma percentagem maior das perdas totais de calor nas taxas de queima mais baixas. Em grande medida, estas perdas são inevitáveis, mas a deterioração do isolamento e o refratário da parede da fornalha aumentam estas perdas em todas as cargas.

4.5 Barreiras à melhoria da eficiência energética nas indústrias do vapor

As entrevistas confirmaram a hipótese inicial de que existem muitas mudanças para melhorar a eficiência energética nas indústrias de vapor, mas muitas não estão a ser realizadas. A maioria dos entrevistados tinha uma opinião semelhante sobre a seguinte afirmação do questionário pré-entrevista:

Existem numerosas medidas de eficiência energética que podem ser implementadas nas indústrias de vapor e que permitem um retorno do investimento inferior a quatro anos no período dos preços actuais da energia" (Ernst, 2011).

Em geral, sugere-se que a produção de eletricidade gere a energia de forma muito menos eficaz do que os fabricantes de madeira e papel. O desempenho é comparável ao dos fabricantes de produtos de plástico, mas a natureza dos obstáculos é diferente, nomeadamente no que se refere à importância relativa dos problemas de incentivos à cisão.

Basicamente, ao nível da indústria, o incentivo à poupança de custos energéticos não pôde ser utilizado para poupanças devido às reduções nos orçamentos futuros. E a causa básica disso é a contabilidade pública, que limita a possibilidade de transferência de fundos. O dinheiro não gasto orçamentado para uma determinada tarefa não pode ser utilizado noutras tarefas e não pode ser transferido para períodos orçamentais. Por exemplo, as poupanças nos custos de energia não podem ser utilizadas para investimentos em eficiência energética, manutenção de sistemas de vapor ou equipamento de aquecimento. Anteriormente, este era o caso em todas as indústrias de vapor (Ernst, 2011). Na altura em que as entrevistas foram realizadas, os princípios de orçamentação estavam em vias de ser alterados na maioria dos estados federais. No entanto, as políticas e os planos futuros sobre a forma de afetar as poupanças diferiam entre as organizações. Para a maioria das Indústrias do Vapor, a possibilidade de transferência parcial de fundos não utilizados para outros fins dentro do mesmo período orçamental estava a ser planeada para um futuro próximo, em ligação com a introdução da "orçamentação global" (Ernst, 2011). Do mesmo modo, para as poupanças a nível industrial, estava a ser planeado algum tipo de acordos de partilha de custos com a administração da organização, mas nem todas as poupanças feitas no passado permanecerão nas Indústrias do Vapor para períodos futuros. Assim, os incentivos para a indústria poupar custos de energia são susceptíveis de melhorar, mas permanecem limitados.

As iniciativas de atribuição das poupanças de energia diferem consoante as organizações. Na Indústria do Vapor, existe um plano de transferência dos fundos não utilizados, que não se limitará apenas ao sector, mas à organização em geral. Este incentivo à poupança de energia será melhorado num futuro próximo. Em segundo lugar, uma vez que não existia um sistema de contagem no passado, não havia responsabilização dos departamentos individuais pelos custos de energia. O estudo também revelou que, uma vez que não havia orçamentos para poupança de custos e iniciativas de poupança de energia e os gestores não estavam envolvidos, o equipamento energético era largamente ignorado. A introdução de um sistema de contabilidade empresarial que atribui os custos é vista como a segunda melhor opção, uma vez que altera diretamente o consumo de energia de acordo com alguns indicadores, como o espaço da caldeira, que no passado não era contabilizado.

A melhoria da gestão da eficiência energética pode ser abordada de várias formas. Em primeiro lugar, equipamentos como motores, compressores e bombas necessitam de manutenção regular, funcionamento adequado e substituição por modelos mais actualizados. Em segundo lugar, a otimização dos processos e a garantia das tecnologias mais produtivas são fundamentais para a poupança de energia nas fábricas. A metodologia envolverá um bom equilíbrio de energia, o cálculo da energia térmica mínima envolvida, a otimização do processo, a integração do calor e a fusão de energias renováveis com base em considerações energéticas.

Sistemas de observação cuidadosos podem desempenhar um papel importante nos processos de gestão e utilização da energia. Medidas cuidadosas e rigorosas como sistemas de subcontagem, monitorização e controlo. Verificou-se que estas medidas afectam os dados de qualidade, melhoram o produto e aceleram as operações do processo. A redução das perdas e a melhoria das matérias-primas resultam num baixo consumo de energia. Por exemplo, se os resíduos de produtos forem minimizados, a energia será consumida nos processos do produto e também a melhoria da qualidade das matérias-primas reduz a energia no processo de produção, uma vez que há pouca eliminação de resíduos sólidos e líquidos.

A melhoria tecnológica e a atitude humana positiva são algumas das fontes que podem ter um grande impacto na poupança de energia. O pessoal (empregados) deve ser formado e equipado com competências em matéria de poupança de energia, a fim de poupar energia em todos os aspectos e áreas. A atitude positiva de desligar as luzes, fechar as janelas e as portas contribui para uma pequena poupança de energia. Mas quando calculada ao longo de um período de tempo mais alargado, é mais vantajosa do que a melhoria tecnológica, que pode ser dispendiosa. A importância primordial é que as empresas precisam de se empenhar em programas que incentivem e intensifiquem a poupança de energia em todas as esferas.

4.6 Benefícios das medidas de eficiência energética nas indústrias do vapor

A energia é um reflexo direto do custo, quanto mais energia for poupada, mais o custo será reduzido. A primeira fase de sensibilização para a poupança de energia pode ser realizada sem capital financeiro. Por outro lado, a reparação de equipamentos, como isolamentos e condutores danificados, pode poupar energia. Manter a combustão adequada, as condições das caldeiras e fornos e dotar os operadores de competências e conhecimentos contribuirá para a poupança de energia nas indústrias.

A gestão da eficiência energética é uma forma eficaz de poupar os já escassos recursos energéticos e materiais. Por exemplo, nas operações de caldeiras, um furo de 3 mm de diâmetro numa tubagem que transporta vapor de 7 kg/cm2 desperdiçaria 32.650 L de fuelóleo por ano. Uma simples medida de limpeza que repare o furo permite poupar essa quantidade de recursos (Comissão de Energia da África do Sul, 2010a).

Podemos, em grande medida, afirmar que a poupança de energia é a força motriz por detrás de um amanhã melhor e mais brilhante, uma vez que a poupança vai ao encontro das necessidades actuais sem comprometer a capacidade das gerações vindouras de satisfazerem também as suas necessidades. Em suma, o aumento da disponibilidade e a utilização sensata da energia garantirão um futuro.

A capacidade de aplicar medidas de poupança de energia nos sectores industrial e residencial é motivo de preocupação. A falta de sensibilização para começar por medidas de sensibilização sem custos e seguidas de medidas de sensibilização de baixo custo para preservar e poupar energia tem sido largamente ignorada pelos gestores. Nalguns casos, as empresas nem sequer se podem dar ao luxo de fazer investimentos modestos. Por exemplo, uma empresa pode necessitar de melhorar ou aumentar os geradores e transmissores energeticamente eficientes, enquanto os residentes podem querer atualizar para aparelhos energeticamente mais eficientes e instalar condensadores para aumentar os factores de potência (e assim reduzir a potência necessária para induzir os motores). Infelizmente, o processo é limitado pelo capital dos bancos e, nalguns casos, as taxas de juro dos empréstimos podem ser desfavoráveis.

Embora tenham sido feitos progressos na gestão eficiente da energia, há ainda muito a fazer em termos de tecnologia. Especialmente nalguns países, ainda existem obstáculos que se prendem com a falta de equipamento adequado, fabricado de acordo com os padrões modernos. A falta de cooperação entre investigadores e organizações está a dificultar a transmissão de protótipos para produtos de escala industrial. Exemplos de barreiras tecnológicas incluem o uso contínuo de equipamentos ineficientes, o que pode ser atribuído à falta de publicidade intensiva por parte dos fabricantes de equipamentos. A falta de confiança nos fabricantes locais faz com que os consumidores se mostrem relutantes em comprar equipamento novo e melhorado, o que leva ao desperdício de energia.

Um milhão de quilos de litros por ano O sector da produção de energia capitalizou a cooperação residencial com a ajuda de uma empresa de consultoria que instalou o diagnóstico de falhas de vapor e forneceu medidas de correção adequadas. Na fase inicial de introdução, a eletricidade foi reduzida em 29% e o sector de produção de energia recuperou os seus investimentos em 8 meses. O sistema permite calcular o coeficiente de desempenho, analisar os defeitos e recomendar a temperatura correta.

Capítulo 5

Discussão dos resultados

5.1 Desafios das actuais práticas de gestão da eficiência energética industrial nas indústrias de vapor

Atualmente, nas indústrias de vapor da África do Sul, existem instrumentos políticos que se opõem à melhoria da gestão da eficiência energética industrial, em vez de a promoverem. O mercado de energia da África do Sul caracteriza-se por ser um mercado regulado, pelo que o governo, numa tentativa de tornar a energia acessível, subsidia fortemente os preços da energia (certamente com eletricidade e produtos petrolíferos). Estes subsídios deturpam o custo real da energia fornecida às indústrias e enviam de forma ineficaz os sinais dos preços da energia às indústrias.

Os resultados indicam que os participantes neste estudo não têm conhecimentos sobre a forma como a submedição e a monitorização de energia (que mede o consumo de energia) são lidas e como as unidades são interpretadas. Esta situação agrava-se com pessoas/pessoal que cresceram numa cultura de silêncio. Estas pessoas vivem com medo de questionar o que quer que seja. Mesmo que tenham consciência de que algo de errado está a ser feito, não o questionam. Alguns participantes neste estudo disseram especialmente que nunca questionaram o objetivo das leituras de submedição e monitorização de energia.

Alguns participantes afirmam que não sabem o significado de palavras como watts, joules e outras unidades. Essas mesmas pessoas nunca foram convidadas para sessões de formação em gestão da eficiência energética.

Esta falta de conhecimento está relacionada com o que os participantes expressaram nas suas opiniões. Todos os participantes expressaram a necessidade de programas educativos/formações. A questão da interação direta entre o formando e o formador foi enfatizada de diferentes formas. Por exemplo, a maioria dos participantes sugeriu que os formadores de gestão de energia deveriam demonstrar fisicamente o que ensinam às pessoas na empresa.

Alguns participantes manifestaram falta de confiança e visibilidade dos Gestores de Energia. Esta informação está relacionada com as suas opiniões de quererem que as sessões de formação sejam efectuadas em dias curtos, como sexta-feira ou sábado.

Todos os participantes neste estudo reconhecem que precisam de aprender, numa base contínua, sobre a utilização eficaz da energia, porque a tecnologia das instalações está sempre a mudar. Eles também expressam uma necessidade urgente de trabalhar com os Gestores de Energia em diferentes níveis para resolver este problema.

Gostariam também que os gestores de energia avaliassem o que fazem as leituras de subcontagem e de monitorização da energia. Para os participantes, a avaliação do trabalho efectuado é essencial, pois permite colmatar o défice de eficácia entre as partes envolvidas. Os participantes também gostariam que a empresa os capacitasse, ensinando e avaliando o seu progresso. O ensino aqui referido deve incidir sobre a leitura correta dos contadores e a utilização da eletricidade de forma a poupar energia.

Os participantes estão conscientes de que precisam de poupar energia. No entanto, há coisas que valorizam tanto que estão dispostos a sacrificar-se por elas. As conclusões sobre este assunto estão relacionadas com as suas opiniões de que precisam de trabalhar em parceria com os fabricantes de turbinas a vapor, caldeiras, motores, etc., para alcançar uma eficiência energética rentável. Por exemplo, se houvesse parcerias e relações de trabalho entre a Indústria do Vapor e os fabricantes, provavelmente a conceção da forma dos sistemas de vapor, motores, etc. (que os fabricantes conceberam de forma a consumir menos energia) teria sido adequada à Indústria do Vapor.

Os participantes também assumem que há falta de Gestores de Energia e Engenheiros de Energia nas Indústrias de Vapor. Expressam a ideia de que haverá sempre falta de comunicação sobre a poupança de energia. A interpretação da causa da falta de comunicação está relacionada com a opinião de que se a Indústria do Vapor educar as pessoas na empresa, estas ficarão habilitadas a utilizar a energia de forma tão eficaz que não haverá necessidade de a Indústria do Vapor empregar pessoas de fora para as ensinar a utilizar a energia de forma eficaz. Salientam que os únicos empregados que a Indústria Steam necessitaria de subcontratar seriam os de auditar, talvez uma vez por mês, os registos que os departamentos individuais fazem por mês sobre o consumo de energia.

5.1.1 Falta de um quadro político

Os sistemas de supervisão política e regulamentar podem influenciar as prioridades e a forma como as medidas de eficiência energética são implementadas. No caso das políticas, estas incluem as políticas governamentais nacionais e locais. Em muitas indústrias de vapor, especialmente na África do Sul, simplesmente não existe política ou, se existe, pode ser indiferente (e, portanto, talvez contraproducente) à eficiência energética. Os regulamentos que apoiam tarifas inadequadas podem limitar o interesse na eficiência energética. Por exemplo, é comum ver tarifas que prevêem a redução dos preços da energia para o aumento do consumo de energia dos grandes consumidores. Isto funciona como um desincentivo para que esses consumidores empreendam acções de eficiência energética. A definição de objectivos, obrigatórios ou voluntários, deve ser considerada como um enquadramento político e regulamentar favorável à eficiência energética, a partir do qual podem ser desenvolvidas estratégias de incentivo ao aumento dos níveis de eficiência energética.

A legislação deve ser promulgada no quadro de uma política energética nacional que tenha continuidade e que não se torne uma bola de futebol para a política partidária. Esta coerência deve aplicar-se a qualquer medida da indústria do vapor que tenha um efeito potencial sobre a energia. A legislação relativa à energia deve ser simultaneamente auto-consistente e mais facilmente compreensível do que no passado.

Os objectivos da futura legislação devem ser os de proporcionar os incentivos e controlos necessários para promover a utilização eficiente da energia, eliminar impedimentos, tais como os que afectam a implementação de esquemas de aquecimento seccionais, e correlacionar as actividades das indústrias energéticas. São sugeridas as seguintes medidas específicas.

1) Maiores incentivos financeiros para as despesas com sistemas de poupança de energia.

2) Utilização da autoridade existente para reforçar os requisitos de isolamento térmico das caldeiras.

3) A adoção de um projeto de lei sobre a energia, que preveja, nomeadamente, as seguintes disposições

a) a introdução de um regime de licenciamento energético para controlar diretamente o consumo de energia nos edifícios comerciais e industriais;

b) alterar as leis pertinentes para que todas as indústrias energéticas nacionalizadas tenham a obrigação legal de ter em conta as considerações energéticas nacionais, bem como a sua indústria específica;

c) que autoriza o Ministro a alterar outra legislação que se considere ter o efeito prático de dificultar a conservação de energia;

d) que confere poderes gerais para impor uma maior cooperação entre as indústrias energéticas e para restringir a extensão e a forma da publicidade à energia;

e) criar um serviço de aconselhamento energético para os agregados familiares.

A atitude do Governo em relação à conservação de energia é o resultado de vários compromissos difíceis.

Em primeiro lugar, a necessidade económica exige que o limite da eficiência energética desejável seja estabelecido por considerações financeiras e não puramente energéticas. Não seria do interesse nacional conservar a energia se, ao fazê-lo, tivéssemos de utilizar mais recursos do que os preservados pela poupança de energia. Em segundo lugar, a complexidade e a diversidade da utilização da energia limitam a possibilidade de introduzir qualquer tipo de racionamento eficaz, pelo menos sem prejudicar gravemente a produção industrial ou criar um sentimento de queixa entre muitos utilizadores cuja subsistência depende da utilização de quantidades variáveis de energia. Só um vasto exército de novos funcionários públicos poderia tentar qualquer esquema equitativo e o custo seria proibitivo. Poder-se-ia considerar a possibilidade de conceder subsídios à indústria do vapor, mas existem muitas outras boas causas para além da energia, e a restrição económica impede o aumento das despesas da indústria do vapor.

5.1.2 Falta de acesso ao capital

A falta de acesso ao capital para investimento constituiu um obstáculo significativo à melhoria da eficiência energética nas indústrias do vapor. O acesso ao capital revelou-se um problema a nível industrial, bem como no seio de cada uma das indústrias do vapor.

O risco comercial e a baixa rendibilidade revelaram-se as principais razões para a falta de capital nas indústrias do vapor na África do Sul. Por conseguinte, o apoio monetário para um maior investimento provém dos orçamentos estatais e federais, que são muito limitados. A circunstância é realmente pesada devido ao facto de, anteriormente, as indústrias do vapor não estarem autorizadas a conceder empréstimos no mercado de capitais. Como indicado, a contração de um crédito para investimento em eficiência energética não tem sido uma solução, por mais rentável que seja o investimento.

Da mesma forma, em muitos casos, o financiamento de terceiros através de um contrato de serviços energéticos foi considerado ilegal (Comissão de Energia da África do Sul, 2010a). Por conseguinte, as indústrias do vapor têm dificuldade em dispor de um orçamento específico para investimentos em eficiência energética, o que as leva a financiar pequenos projectos com tempos de retorno inferiores a quatro anos. Os investimentos em eficiência energética devem ser mais lentos, como no caso do fabricante de produtos plásticos, onde a execução de um sistema de iluminação extremamente económico demorou 11 anos! Isto é consequência da sequência de escassez de capital na indústria, e complica a forma de tomada de decisão no fabricante de produtos plásticos. Para a maioria das indústrias de vapor, espera-se que a autonomia e a flexibilidade financeiras melhorem quando os princípios orçamentais e os sistemas contabilísticos forem alterados.

O investimento em eficiência energética enfrenta dificuldades decorrentes da limitação de capital, a escassez de dinheiro para tais investimentos resulta em restrições de capital. Em alguns casos, a eficiência energética não é considerada essencial, mesmo que seja rentável. Por conseguinte, não é surpreendente que nenhuma das indústrias de vapor tenha dedicado um orçamento ao investimento na eficiência energética. Em vez disso, dedicam o orçamento apenas à manutenção das instalações e outras administrações, sem ter em conta a política energética que estabelece que uma determinada parte do orçamento deve ser dedicada a melhorias de eficiência energética.

Nas indústrias de vapor, as limitações de capital são normalmente contraditórias entre si. Por isso, a maioria das indústrias de vapor não está disposta a dar dinheiro a projectos de eficiência energética de baixo risco com taxas de retorno que ultrapassam o seu custo médio ponderado de capital (WACC). Na maioria dos casos, a relutância é a consequência do risco consciente do rácio acumulado de financiamento de empréstimos para financiamento de capital próprio. O financiamento de empréstimos deve ser gasto em conformidade, porque tem tendência a tornar-se inferior ao capital próprio. Mas o financiamento de empréstimos acarreta riscos na medida em que impõe obrigações de pagamento de juros anuais e de reembolso do capital.

5.1.3 Falta de sensibilização da direção

A sensibilização do pessoal e da direção para as questões energéticas foi considerada muito fraca. Consequentemente, o nível geral de limpeza (por exemplo, desligar as luzes e os computadores) também era fraco. Os factores que contribuíram para esta situação foram a relativa insignificância dos custos da energia, a falta de responsabilidade pelos custos da energia e a predominância da produção e de outras prioridades. Embora algumas indústrias do vapor tenham efectuado campanhas de sensibilização limitadas (por exemplo, autocolantes, exposições), estas foram geralmente consideradas ineficazes. As consequências ambientais do consumo de energia foram consideradas de pouca utilidade para motivar o pessoal, devido à sua relativa invisibilidade em comparação com problemas como os resíduos. Em parte devido a este facto, os departamentos de património preferiram concentrar-se na melhoria da eficiência energética através de melhores controlos, em vez de melhorarem a limpeza.

Na maioria dos casos, as competências e o empenhamento da gestão de topo também eram limitados:

Não se vai conseguir o que se pretende se os responsáveis não estiverem informados. Eles não aceitam como verdadeira a mensagem de que, se puserem as mãos no bolso, pouparão a longo prazo" (Mckane, 2009). Mas isto requer monitorização adequada e recursos humanos e ainda não era viável em todas as Indústrias a Vapor.

O apoio à eficiência energética por parte da gestão de topo, como no sector da produção de energia, revelou-se importante para que as medidas de eficiência energética passassem com êxito pelo processo de tomada de decisão. No entanto, em termos de geração de idéias e identificação de potenciais medidas de economia de energia, a motivação pessoal e a competência dos responsáveis pela gestão de energia foi o fator mais importante. Um bom exemplo foi o chefe do departamento técnico do sector de produção de energia, que também esteve ativamente envolvido no processo de entrevistas.

5.2 Força das actuais práticas de gestão da eficiência energética industrial nas indústrias de vapor

Independentemente do atual desafio existente nas práticas de gestão da eficiência energética nas indústrias de vapor na África do Sul, existem algumas caraterísticas que têm o potencial de impulsionar o estado atual da gestão da eficiência energética nas indústrias de vapor; isto é, se forem bem desenvolvidas pelo governo sul-africano.

Atualmente, existem algumas informações viáveis destinadas à suplementação de práticas de eficiência energética nas indústrias de vapor, envolvendo a forma de enquadramento industrial para o desenvolvimento, promoção e coordenação de actividades. Este plano de ação prevê a suplementação urgente de intervenções de baixo custo e sem custo, e novamente para as medidas de custo mais elevado com períodos de retorno deficientes. Estas intervenções serão efectuadas através de oportunidades de investimento a médio e longo prazo em eficiência energética. O plano de ação reconhece que existe uma possibilidade indicativa de melhoria da eficiência energética em todos os sectores da indústria do vapor.

A gestão da energia permite a formalização da monitorização, avaliação e orientação do consumo de energia, bem como o fornecimento de informações de benchmarking específicas do sector. No âmbito das aplicações industriais e comerciais, o conceito de gestão da energia deve também incorporar outras áreas-chave, incluindo Formação, Motivação e Sensibilização, Contas Verdes (onde as empresas auditam o desempenho ambiental da sua operação, bem como o seu desempenho económico), e Política Energética e Monitorização e Definição de Objectivos formalizados (M&T). A monitorização nunca é demais salientar, uma vez que fornece a base para medidas de poupança eficazes em termos de custos. Sem a informação adequada, os efeitos da poupança de energia podem ser inúteis, frustrantes e desmotivadores.

A DME foi autorizada a considerar a criação de uma agência que será vital na coordenação, liderança e capacidade do sector para uma implementação eficiente. A formalização de tais agências tem como objetivo a auto-sustentabilidade e a criação de emprego. As indústrias, os proprietários de casas e a cooperação beneficiarão de energia de baixo custo e garantida a longo prazo, bem como de períodos de retorno curtos. Os agregados familiares e outros beneficiários começaram a suportar o custo da aquisição de equipamento de renovação e o período de recuperação é menos favorável. Devem ser adoptadas outras iniciativas, como o Mecanismo de Desenvolvimento Limpo (MDL), desenvolvido no âmbito do protocolo DME (1997). O peso que recai sobre os ombros do governo é principalmente a transmissão maciça de informações, o que exige cooperação e coordenação.

Podemos concluir, no entanto, que o trabalho árduo realizado pelo governo não é negligenciado, mas, tendo em conta os problemas actuais, ainda há espaço para uma reforma fiscal e outros tipos de incentivos podem estar disponíveis. Um bom exemplo é o projeto do fundo Eskom (DSM), que reduziu o consumo de eletricidade nos agregados familiares devido a diferentes iniciativas de investimento na produção.

5.3 Colmatar o défice de eficiência energética industrial nas indústrias de vapor

Como demonstrado em muitas indústrias em todo o mundo, a intervenção política é essencial para a melhoria da eficiência energética em qualquer indústria; consequentemente, a influência política desempenhará um papel central na redução da lacuna de eficiência energética industrial nas Indústrias de Vapor na África do Sul. Com base nos resultados encontrados, a gestão das Indústrias de Vapor na África do Sul precisa de desenvolver um quadro alargado para promover a melhoria da gestão da eficiência energética industrial. Esta iniciativa de enquadramento deve centrar-se na alteração do uso irracional de energia nas indústrias de vapor sul-africanas e também desenvolver instrumentos de política baseados no mercado que enviarão o sinal correto do preço da energia aos consumidores industriais. A implementação de um esquema voluntário de gestão da eficiência energética industrial com ganhos financeiros atractivos pode também ser um instrumento eficaz para aumentar a gestão da eficiência energética industrial nas indústrias de vapor na África do Sul.

As indústrias de vapor sul-africanas podem promover a eficiência energética nas suas jurisdições, melhorando a eficiência das instalações e operações departamentais e incentivando a melhoria da eficiência energética dos seus empregados, equipamento e máquinas industriais. Poupar energia através de melhorias na gestão da eficiência energética pode custar menos do que gerar, transmitir e distribuir energia a partir do sector de produção de energia, e proporciona múltiplos benefícios económicos e ambientais. As poupanças de energia podem reduzir os custos operacionais das indústrias de vapor, libertando recursos para investimentos adicionais em eficiência energética e outras prioridades. A eficiência energética pode também ajudar a reduzir a poluição atmosférica e as emissões de CO2, melhorar a segurança e a independência energética e criar emprego.

A disponibilidade técnica a nível operacional pode ser uma preocupação. Vários inquiridos referiram outros projectos de "conformidade" que utilizam os recursos técnicos da fábrica.

A regulamentação ou os projectos ambientais "obrigatórios" para obter a licença de funcionamento deixam menos recursos para outras áreas de melhoria da fábrica Harvey, 2010). Nos últimos anos, as indústrias de vapor na África do Sul têm sido "sobrecarregadas" com requisitos regulamentares. A quantidade de energia técnica e de tempo necessários para os combustíveis limpos ofuscou a área da energia. Existe uma capacidade limitada para implementar novas tecnologias, principalmente devido aos combustíveis limpos e aos regulamentos ambientais. Nunca há tempo suficiente para os engenheiros de processos se sentarem, investigarem e trabalharem em projectos energéticos". Este facto remete para a política e as orientações energéticas da empresa e para a forma como estas são priorizadas e postas em prática. O pessoal está sempre com pressa e, quando chega a hora da crise, a melhoria energética é a última da lista, se é que existe". Algumas empresas tinham um 'coordenador de energia' dedicado, com outros funcionários (não a tempo inteiro) a apoiar o seu papel. No entanto, as empresas podem ter apenas uma pessoa que se ocupa tanto do apoio à fábrica como das ideias de melhoria energética, e os problemas na fábrica podem desviar a atenção da otimização da eficiência energética.

Apesar do acesso à ajuda financeira dos doadores governamentais para promover a gestão da eficiência energética industrial, é necessário que as Indústrias do Vapor desenvolvam esquemas de financiamento inovadores com taxas de juro competitivas e prazos de reembolso flexíveis. Isto encorajará os engenheiros de energia/gestores de energia a aceder aos fundos com facilidade e menos apreensão. As indústrias de vapor sul-africanas também precisam de garantir ou atribuir fundos adequados à Comissão de Energia, de modo a permitir-lhes alargar os seus serviços de apoio técnico e campanhas de educação também aos seus funcionários. As Indústrias de Vapor precisam de iniciar um programa de eficiência energética industrial com o objetivo de aumentar a consciencialização e a capacitação através da formação. Os programas de formação devem ser concebidos para desenvolver o conhecimento da realização de auditorias ou avaliações para identificar oportunidades de melhoria da eficiência energética e também identificar como aceder a fundos para projectos de eficiência energética. Na divulgação de informações, é necessário concentrar-se na sensibilização da gestão de topo, porque a maioria das barreiras altamente classificadas estão profundamente enraizadas na falta de sensibilização da gestão de topo. A campanha de informação deve destacar os benefícios da eficiência energética industrial e associar esses benefícios ao aumento da fiabilidade e da produtividade.

Capítulo 6

Conclusão e recomendação

6.1 Conclusão

Os resultados desta investigação apresentam uma visão geral das práticas de gestão da eficiência energética nas indústrias de vapor na África do Sul.

O sistema energético da África do Sul pode ser caracterizado como um sistema centralizado com as Indústrias do Vapor como o principal órgão de direção. O estudo revelou que, ao longo dos anos, as Indústrias do Vapor têm feito esforços significativos para melhorar a gestão da eficiência energética na África do Sul, formulando instrumentos políticos e iniciando esquemas e programas de eficiência energética. No entanto, continua a haver uma enorme lacuna de eficiência no sector da produção de energia, porque os esforços do governo para melhorar a eficiência energética têm sido dirigidos para os sectores residencial e comercial da economia.

Foram selecionadas três indústrias de vapor que aceitaram participar na investigação. Para facilitar a discussão, as indústrias foram classificadas de acordo com o número de medidas de gestão de eficiência energética que tinham implementado. Esta classificação revelou que as Indústrias de Vapor que tinham adotado mais medidas de gestão da eficiência energética tendiam a ser as maiores Indústrias de Vapor com contas de energia mais elevadas. Estas realizaram auditorias energéticas, estabeleceram sistemas de informação energética razoáveis e consideraram que havia menos oportunidades inexploradas para melhorias na gestão da eficiência energética.

O estudo conclui que a falta de sensibilização para a gestão da energia é um problema grave na indústria do vapor. A questão que se coloca é a de saber qual a melhor forma de educar o pessoal para uma utilização eficaz da energia. Os passos para o ensino e a aprendizagem, bem como a elaboração de políticas que afectam diretamente esta questão, devem ser negociados. O pessoal e a direção precisam de estabelecer uma relação mútua, confiança e algum sentido de responsabilidade para com o bem-estar de cada um antes de se envolverem no processo de ensino e aprendizagem. Mesmo os funcionários sem formação académica da empresa necessitarão desta "relação prévia e concomitante se todos tiverem de dar sentido à sua experiência através da igualdade de oportunidades de participação democrática" (Worrell, 2009).

Isto significa que os programas de educação da empresa, especificamente destinados a educar o pessoal/as pessoas sobre como utilizar a energia de forma eficaz, têm de se basear numa ética de cuidado mútuo. Mais uma vez, a melhor forma de ajudar o pessoal da indústria a compreender ou a orientar-se para a poupança de energia é expô-lo aos recursos naturais (por exemplo, o carvão) que abastecem a sua própria indústria. Desta forma, a exposição e o conhecimento sobre os recursos não renováveis tornar-se-ão a base de programas adequados para educar as pessoas a utilizarem a energia de uma forma económica.

O obstáculo mais importante à gestão da eficiência energética foi considerado o acesso limitado ao capital, sendo dada pouca prioridade aos investimentos na gestão da eficiência energética em comparação com os investimentos estratégicos e não discricionários. Um segundo fator, relacionado com este, foram os custos ocultos e, em especial, o tempo de trabalho necessário para identificar, avaliar e aplicar os investimentos. As instalações mais pequenas tiveram problemas particulares, uma vez que é difícil afetar uma fração do tempo de um indivíduo à gestão da eficiência energética, enquanto outras prioridades receberam repetidamente precedência. O último fator, também relacionado, foi a falta de informação sobre as oportunidades de melhoria da eficiência energética. Esta situação pode estar relacionada com restrições de tempo do pessoal, falta de competências relevantes, submedição inadequada, os elevados custos de transação envolvidos na identificação do desempenho energético de novos equipamentos e a negligência geral da energia como uma questão. Além disso, as fontes de informação disponíveis parecem ser de má qualidade e pouco pertinentes, sendo evidentemente necessária uma série de medidas políticas para eliminar estes obstáculos.

O objetivo da política deve ser fornecer informações acessíveis, relevantes e credíveis sobre as oportunidades de gestão da eficiência energética e incentivar auditorias energéticas, monitorização da energia, melhor rotulagem energética, aferição do desempenho energético, facturas de energia mais informativas e maior numeracia energética. Isto deve ocorrer num ambiente regulamentar e de fixação de preços favorável, tão isento de riscos quanto possível e que tenha em conta os custos externos. Mas há limites para o que pode ser alcançado por organizações individuais utilizadoras de energia actuando isoladamente.

Em maior medida do que nos fabricantes de plásticos e nas indústrias da madeira e do papel, as melhorias da eficiência energética neste sector dependem de medidas tomadas a montante da cadeia de abastecimento de serviços energéticos. Isto inclui normas mínimas de eficiência e programas de transformação do mercado para equipamentos essenciais, como os motores eléctricos. Os múltiplos obstáculos exigem múltiplas respostas. Mas o tema orientador deve ser o de facilitar às organizações a tomada de decisões que melhorem a eficiência energética e económica.

6.2 Recomendações e opções

Recomendação: Considerar a gestão da eficiência energética como um recurso de prioridade máxima.

No passado, o recurso energético foi posto de lado, tendo sido dada atenção a novas opções de abastecimento. Por conseguinte, o facto de lhe ser dada a primeira preferência garantirá a sua preservação, boa gestão e poupança no que diz respeito aos benefícios que oferece e reduzirá os custos globais. Os benefícios decorrentes da poupança de energia e da poupança de capacidade serão depois postos em causa, contribuindo para a poluição e para o efeito de estufa a nível regional, estatal e nacional.

Opção a considerar:

- Medir o valor da gestão da eficiência energética, dando prioridade à poupança de energia, à poupança de capacidade e considerando o papel do ambiente como importante.

Recomendação: Assumir um compromisso duradouro no sentido de uma eficiência energética rentável.

As iniciativas de gestão da energia têm sido bem sucedidas e proporcionam benefícios a todos os participantes quando são adoptadas políticas adequadas a longo prazo. O estabelecimento a longo prazo irá cimentar este recurso em comparação com o recurso do lado da oferta, surgindo e subsidiando outros investimentos em infra-estruturas e mantendo o apoio dos consumidores. Outro passo será examinar o potencial a longo prazo para uma gestão eficaz da eficiência energética numa região (ou seja, levar a cabo iniciativas comprovadas para sectores, classe dentro de um horizonte de planeamento). O estabelecimento de procedimentos e processos que poupem energia e a atualização regular da informação sobre eficiência energética são áreas-chave a ter em conta.

Opções a considerar:

• Destacar os resultados rentáveis de programas bem sucedidos.

• Destacar programas e iniciativas inovadoras que tenham sido experimentados e testados e que tenham dado os resultados necessários a longo prazo.

• Destacar formas de angariar fundos para prosseguir iniciativas a longo prazo.

• Definição de objectivos como parte dos processos de planeamento.

- Actualizações regulares da informação.

Recomendação: Disponibilizar fundos suficientes para garantir a eficiência energética sempre que seja rentável.

Os programas de eficiência energética requerem um financiamento sustentável para se adequarem às opções de fornecimento de energia. Um fornecimento regular de financiamento tem ajudado a aumentar a consciencialização e a implementar programas de serviço de energia e tem-se revelado útil ao longo dos anos

Opção a considerar:

- constituir um orçamento específico para a poupança de energia a longo prazo.

Referências

1. Anderson, S.T., e R.G. Newell (2004), Information Programmes for Technology Adoption: The Case of Energy - Efficiency Audits, Resource and Energy Economics, Vol. 26, pp 27-50

2. Armah, B. Retrieved July 2, 2013 from www.unmillenniumproject.org/documents/south africa_energy.doc

3. Barber, W.J., Cochrane, J. L., Marchi, N., Yager, A. J., Graufurd, D. G. (2001). Energy Policy in Perspective - today's problems, yesterday's solutions. N.W., Wishington, D.C. 20036.

4. Caffal, C. (2006), Energy Management in Industry, Centro de Análise e Difusão de Tecnologias Energéticas Demonstradas (CAD-DET), Eskom

5. Christoffersen, L.B., A. Larsen, e M. Togeby (2006), Empirical Analysis of Energy Management in Steam Industry, Journal of Cleaner Production, Vol. 14, No.5, pp 516-26

6. Cooke, P. W. C. (2004). Energy Saving in Distribution (Poupança de energia na distribuição). Pitman Press, Bath.

7. Dow. RetrievedJuly22 http://www.dow.com/energy/perspectives/efficiency.htm

8. Comissão de Energia da África do Sul. (2010a).Plano Estratégico Nacional de Energia 2010 - 2030, Relatório principal.

9. Comissão de Energia da África do Sul. (2010b).Plano Estratégico Nacional de Energia 2010 - 2030, Anexo Quatro de Quatro. Abastecimento energético da economia Combustíveis de madeira e energias renováveis.

10.Comissão de Energia da África do Sul. (2010c).Plano Estratégico Nacional de Energia 2010 - 2030, Anexo Um de Quatro. Sectores da procura de energia da economia.

11.Ernst, F.O. (2011), Integrating Energy Efficiency Performance in Production Management - Gap Analysis Between Industrial Needs and Scientific Literature, Journal of Cleaner Production, Vol.19, No. 6-7, pp.667-79

12.Goodman,G.T., Rowe, W.D. (2002). Energy Risk Management. Harcourt Brace Jaranovich, Publishers.

13.Handschin, E., Petroianu, A. (2005). Energy Management Systems. Springer-Verlag Berlim. Pp

14.Harvey, L.D.D. (2010). Energy Efficiency and the Demand for Energy Services (Eficiência Energética e a Procura de Serviços Energéticos). Jones and Bartlett Publishers.

15.Herman, E.D., Umana, F. A. (2002). Energy, economics, and the Environment (Energia, economia e ambiente). Westview Press, Inc.

16.Johansson, B., (2011), Towards Increased Energy Efficiency in Industry - A Manager's Perspective, Congresso Mundial de Energias Renováveis. 8 -31 de maio de 2011, Linköping, Suécia

17.Kelly, R. A. (2007). Fornecimento de Energia e Recursos Renováveis. Infobase Publishing.

18.Kleinpeter, M. (2008). Planeamento e Política Energética. John Wiley & Sons Ltd.

19.McKane, A. (2009). Estado da ISO 90001-Gestão de Energia. Projeto de Melhoria da Eficiência Energética Industrial na África do Sul. Joanesburgo. Recuperado em 15 de agosto de 2013 de http://www.ncpc.co.za/docs/04McKane_EM_UNIDO_Johannesburg.pdf

20.Ministério dos Minerais e da Energia da África do Sul. (2010). Política Nacional de Energia.Retrieved Augustl5,2013,from

http://southafricaoilwatch.org/images/laws/national_energy_policy.pdf

21.Muller, K. (2007). Segurança energética. Verlag Antje Kunstman GmbH.

22.Murphy, W.R., McKay, G. (2007). Gestão da energia. Sanat Printers, Kundli.

23.Nieboer,N., Tsenkova, S., Gruis, V., van Hal, A. (2012). Eficiência energética na gestão de habitações - políticas e práticas em onze países. Gestão de dados, Londres.

24.Pimentel, D. (2008). Biocombustíveis, Solar e Eólica como Sistemas de Energia Renovável. 5126 Comstock Hall.

25.Ramakumar, R. (2003). Sistemas de Gestão de Energia: Fundamentals and Applications. Englewood Cliffs: Prentice Hall.

26.Schoch, M.R., McKinney, M.L. (2003). Ciência Ambiental - Sistemas e Soluções. Jones and Bartlett Publishers.

27.Sherratt, A. F. C. (2002). Energy Conversation and Energy Management. Applied science publishers.

28.Smith, B. C. (2005). Princípios de Gestão de Energia - Aplicações Benefícios Poupança. Revistas Pergamon Press.

29.Smith, B.C., Fazzolare, A.R. (2008). Gestão da utilização de energia. Pergamon Press Journals.

30.Smith, T.E. (2009). Industrial Energy Management for Cost Reduction (Gestão de Energia Industrial para Redução de Custos). Ann Arbor Science publishers, Inc.

31.Sorrel, S., Malley, E.O., Schleich, J. (2004). The Economics of Energy Efficiency. MPG Books Ltd, Bodmin, Cornwall.

32.A compilação do Survey of Energy Resources 1998 é da responsabilidade dos editores.

33.Worrell, E. (2009). Barreiras à eficiência energética: Estudos de casos internacionais sobre a remoção bem sucedida de barreiras. Recuperado em 12 de agosto de 2013, de http://www.unido.org/fileadmin/user_media/Services/Research_and_Statistics/WP142011_Ebook.pdf

34.Yaverbaum, L.H. (2004). Energy Saving by Increasing Boiler Efficiency (Poupança de Energia através do Aumento da Eficiência da Caldeira). Noyes Data Corporation.

Printed by Books on Demand GmbH, Norderstedt / Germany